Vorbemerkung

Ein vollständiger alphabetischer Wortweiser hätte ein Buch von gleichem Umfang wie der Wortschatz selbst erfordert. So haben sich Verfasser und Verlag zu einem Auswahlregister entschlossen, um das Buch leichter benutzbar zu machen.

Der Verfasser ist Herr A. Gerstenkorn, dem hier der gebührende Dank ausgesprochen sei.

Die Auswahl der aufgenommenen Wörter mußte subjektiv ausfallen. Immerhin wird das Register in den meisten Fällen dazu geeignet sein, das jeweils Gesuchte zu finden, die Verweise im Text führen dann weiter.

Franz Dornseiff

Register

A

A (das A und O) 9, 44
A (von A bis Z) 3, 41
aalen (sich aalen) 11, 9
aalglatt 3, 50; 16, 32
Aas 5, 64; kein Aas (berl.) 2, 4
ab- 2, 4; 8, 30
Abart 4, 20; 4, 21
Abbau 3, 49
abbauen 16, 105
abbilden 4, 18
Abbitte 19, 26
abbitten 16, 82; 19, 5
abblitzen 16, 27
abbrechen 4, 42; 9, 20
Abbruch (Abbruch tun) 9, 50
abdanken 3, 34; 9, 85; 16, 105; 16,110
Abdruck 15, 5
Abend 1, 4
Abendland 6, 12
Abendmahl 20, 16
Abendrot 5, 17
Abenteuer 4, 44; 9, 28; 9, 74
Abenteurer 9, 16; 11, 6; 11, 39; 16, 94
aber 4, 20; 4, 23; 12, 48
Aberglaube 12, 25; 20, 1; 20, 12
abermals 1, 28
abfahren 8, 18
Abfall 3, 32; 9, 9; 9, 45; 9, 49; 9, 67
abfallend 2, 13
abfärben 5, 12
abfassen 14, 11
Abfindung 18, 26; 19, 17
abgebrannt 18, 4
abgefeimt 12, 53; 19, 8
abgelegen 2, 8
abgemacht 12, 47; 19, 14
abgeneigt 9, 5; 11, 62
Abgeordneter 13, 8; 16, 96; 16, 103
abgeschmackt 11, 26; 11, 28; 11, 29; 13, 42
abgesehen von 3, 49
abgespannt 4, 37
abgespannt sein 7, 39
abgewöhnen 9, 32
Abgott 11, 53
abgrenzen 2, 23
Abgrund 2, 13; 3, 14; 9, 74
abgründig 3, 14
Abhang 2, 13
abhängen 4, 34; 16, 113
abhängig 4, 34; 16, 111; 16, 112; 16, 113
abhetzen 9, 40
abkaufen 18, 22
Abklatsch 4, 18
Abkommen 19, 14
abkühlen 5, 40
abkürzen 3, 7
ablagern, sich 3, 32
ablassen 9, 85
Ablaß (Ablaß gewähren) 16, 47
Ableben 7, 45
ablegen 2, 22
Ableger 7, 3
ablehnen 9, 5; 11, 59; 12, 48; 13, 29; 16, 27
ableugnen 16, 28
abmachen 9, 14
Abmahnung 9, 17
abmühen 9, 40
abnehmen 3, 5; 4, 26; 9, 61
Abneigung 9, 5; 11, 27; 11, 59; 16, 65; 16, 66
abnorm 4, 20
Abnormität 11, 30
abnutzen 3, 5; 9, 63
Abnützung 9, 61
Abonnement 19, 14
Abonnent 1, 33; 9, 31
abordnen 16, 103
Abort 9, 67
Abrakadabra 20, 12
abraten 9, 17
abräumen 2, 22
Abrechnung 16, 80; 19, 32
Abreise 8, 18
abreißen 2, 36
abrichten 7, 10
Abriß 14, 12
abrüsten 16, 48
absagen 13, 29; 16, 27
Absatz 18, 20; 18, 23
abschaffen 4, 42; 9, 33
abschälen 2, 22
abschätzen 12, 12
Abschaum 3, 32; 9, 45; 16, 94; 19, 9; 19, 10
Abscheu 11,59; 11, 62; 16, 36
abscheulich 3,50; 11, 14; 11,59; 11,62; 19,9
Abschied 16, 38; 16, 105
abschlägig 16, 27
abschließen (sich abschließen) 16, 52
Abschluß 9, 33
abschneiden 3, 34
abschreckend 11, 28
Abschreiber 4, 18
Abschrift 14,5; 15, 1
abschüssig 2, 13
abschweifen 13, 22
abschwenken 8, 12
absetzen 16, 105; 16, 110
Absicht 9, 2; 9, 14
absichtlich 9, 14
absolut 4, 6; 4, 14; 12, 26; 16, 108; 16, 119
Absolutheit 4, 14
absondern 3, 34; 8, 24
absondern, sich 3, 34
absurd 11, 24; 12, 19; 12, 57
abspenstig 16, 116
abstammen 4, 41
Abstand (Abstand nehmen) 9, 19
Abstecher 8, 12
abstimmen 16, 102
Abstimmung 9, 11; 16, 102
abstinent 11, 12
abstoßen 11, 28; 11, 62
abstoßend 11, 14; 16, 53
abstreiten 13, 29
Abteilung 3, 47; 16, 74
abtreiben 7, 21
abtrocknen 5, 58
abtrünnig 9, 9; 19, 8; 20,2
Abtrünniger 12, 48
ab und zu 1, 30
abwarten 9, 7; 9, 19
abwärts 8, 30
abwechseln 9, 71
abwegig 12, 27
abwehren 9, 73; 16, 65; 16, 77
abweichen 4, 21; 4, 24
abweichend 4, 23
abwenden 9, 73
abwesend 2, 4
abwischen 5, 58
abzapfen 8, 24
Abzug 8, 24
abzüglich 3, 30
ach 11, 30; 11, 33
ach (ach so) 12, 31
Ach (mit Ach und Krach) 9, 40; 9, 55
Achillesferse 9, 74; 11, 7; 19, 10
Achse 17, 5
Achsel (die Achsel zucken) 11, 59

Achselstück 16, 100
Achselzucken 11, 27; 12, 37; 12, 48; 13, 1; 16, 33; 16, 34
Acht 16, 29
Acht (in die Acht erklären) 16, 37
achten 16, 30; 16, 85
achtern 2, 27
achtsam 11, 40; 12, 7
Achtung 11, 53; 16, 30; 16, 38
ächten 16, 37; 19, 31; 19, 32
Ächtung 16, 37; 19, 32
ächzen 5, 34
Ackerbauer 7, 5
ackern 7, 5
Adamskostüm 2, 22
Ade 8, 18
Adel 16, 62; 16, 85; 16, 91
adelig 16, 91
Ader 7, 16
Adlerauge 10, 15
Admiral 16, 74; 16, 99
Adonis 11, 17
Adresse 13, 1
adrett 9, 66
Affäre 4, 44
Affe 4, 18; 11, 45
Affekt 11, 3; 11, 5
Affenliebe 12, 34
Agent 13, 8; 16, 60; 16, 96; 16, 103; 19, 14
Agrarier 7, 5
Ahasver 8, 1
Ahle 17, 15
ahnden 19, 32
ähneln 4, 17
ahnen 1, 23; 12, 24; 12, 41; 12, 42
ähnlich 4, 17; 12, 10
Ahnung 12, 1; 12, 24; 12, 42; 12, 43
ahnungslos 12, 37; 12, 45
Ahorn 7, 2
Akademiker 12, 32; 12, 35
Akazie 7, 2
Akkord 15, 10
Akt 9, 18
Aktie 18, 2
Aktien 18, 30
aktuell 1, 16
Akustik 10, 19
akustisch 5, 24; 10, 19
Akzept 19, 16
Alabaster 5, 13
Alarm 11, 42; 13, 11; 16, 73
albern 9, 45; 9, 53; 11, 24; 12, 19; 12, 56
Albernheit 12, 13
Albino 5, 12; 10, 17
Album 14, 11
Algebra 3, 35
Alibi 19, 13
Alimente 18, 26
Alkoholiker 7, 32
All 6, 1
alle 3, 41
alle werden 3, 26
Allee 7, 5
Allegorie 13, 1; 13, 34; 13, 36
allegorisch 12, 10
allein 3, 34; 3, 36; 4, 23; 4, 33
alleinstehend 16, 12; 16, 52
allenthalben 2, 7
allerdings 13, 48
allerhand 3, 17; 3, 20; 4, 22; 6, 21
Allerheiligstes 20, 21
allerlei 2, 38; 3, 17; 4, 22; 6, 21
allerorts 2, 7
Allerweltskerl 12, 52
alles in allem 3, 41
allewege 1, 6
allgegenwärtig 2, 7
allgemein 3, 41; 4, 19; 12, 32
allmächtig 20, 7
allmählich 1, 36; 2, 37; 4, 26
allseitig 2, 24
alltäglich 4, 19; 9, 45; 9, 59
Alltagsleben 11, 26
allwissend 20, 7
Aloe 7, 2
Alpenveilchen 7, 2
Alphabet 14, 5
als (als ob) 4, 17, 12, 29
als (auch) 3, 28
also 12, 16
also (also doch) 12, 20; 12, 44
also (na also) 12, 16; 13, 46
alt 1, 27; 3, 50; 7, 25; 9, 31; 15, 12
Altar 20, 21
altern 7, 25
altfränkisch 11, 29
Altruismus 19, 2
Amboß 17, 5
Ameisen 7, 9
Amen 12, 47
Amnestie 16, 47
amortisieren 18, 18
Amt 9, 22
amtlich 4, 6; 12, 26; 16, 97
Amtmann 16, 98; 16, 99
Amtsgeheimnis 13, 4
Amtsgericht 19, 27
Amtsgewalt 16, 97
Amtsschimmel 9, 31
Amtstracht 16, 100; 20, 18
Amulett 20, 12
amüsant 16, 55
amüsieren 11, 10
amüsieren (sich amüsieren) 16, 55
an 2, 9; 3, 28
an (räumlich) 2, 9
an- (Verbindung anknüpfen) 3, 33
Anachronismus 1, 10
Analphabet 12, 37
analog 4, 17; 12, 10
Analyse 12, 8; 12, 9
analysieren, zer- 3,34
Anarchie 16, 116; 19, 20
Anatomie 12, 8
anbehalten 2, 20
anbeten 11, 53
Anbeter 11, 53
anbieten 16, 22; 18, 23
anbinden 3, 33
Anblick 5, 2
anblicken 10, 15
Andacht 20, 1; 20, 13
andächtig 20, 13
andauernd 1, 34; 9, 30
Andenken 12, 39
ändern 4, 24
anders 4, 20; 4, 21
anderweitig 4, 21
andeuten 12, 24
Andeutung 13, 1; 13, 10
andrehen 18, 23
anecken 16, 33
aneinander 3, 33
Anekdote 11, 23; 14, 1
anekeln 11, 59
anerkennen 12, 47; 13, 28; 16, 24; 16, 31; 16, 46; 19, 22
Anerkennung 9, 77; 11, 54; 16, 31; 16, 85
anfahren 8, 9
Anfall 7, 41
Anfang 1, 2; 9, 29
anfangen 9, 25; 9, 29
Anfänger 1, 26; 9, 29; 9, 53; 12, 35; 12, 37
anfassen 9, 18; 9, 25
anfechten 4, 7
anfechtbar 12, 27
anfeinden 16, 76
anfertigen 4, 39
anfeuern 4, 36
anführen 12, 25; 13, 46; 18, 7
Anführer 16, 98
angeben 11, 45; 16, 89
Angeber 13, 5
Angebinde 16, 39
angeboren 9, 31; 11, 2
Angebot 13, 6
angebunden (kurz angebunden) 16, 53
angehen 9, 59
Angeklagter 19, 28
Angel 9, 74
Angelegenheit 4, 44
angeln 7, 12
angeln (angeln nach) 9, 28
angemessen 3, 23; 9, 46; 9, 48; 19, 18; 19, 22
angenehm 9, 56; 11, 10; 11, 53; 16, 55
angenommen 12, 24
angeschrieben (gut angeschrieben sein) 13, 51; 16, 41
angesehen 16, 31; 16, 85; 16, 95

Angesicht (von A. zu A.) 2, 32
Angestellter 16, 60; 16, 96; 16, 112
angestrengt 9, 40
angetan mit 2, 20
angreifen 11, 14; 13, 29; 16, 35; 16, 65; 16, 73; 16, 76
Angriff (militärisch) 16, 76
Angriff (in A. nehmen) 9, 21; 9, 26
Angst 11, 42
ängstigen 11, 14; 11, 42
ängstlich 11, 42; 11, 47
Angstmeier 11, 43
anhalten 8, 2; 16, 10
Anhaltspunkt 9, 44; 12, 15; 12, 24
Anhang 3, 28
Anhänger 9, 69; 9, 70; 9, 82; 16, 41
anhänglich 9, 31
anheimstellen 11, 37
Anker 8, 5
Anklage 16, 37; 19, 12; 19, 27
Anklagebank 19, 27
anklagen 16, 33; 16, 37; 19, 12; 19, 27
Ankläger 19, 28
anknüpfen 3, 33
ankommen auf 4, 10; 8, 20
ankünden 12, 43; 13, 6
Ankunft 8, 19; 8, 20
ankurbeln 8, 9; 9, 29
Anlage 9, 52; 11, 2; 12, 2; 12, 52
Anlaß 4, 31
anläßlich 4, 31
Anleihe 18, 17
Anmarsch 8, 16
anmaßen 16, 90
anmaßen, sich 19, 23
anmaßend 11, 44; 11, 45; 16, 108
Anmerkung 13, 44; 14, 10
Anmut 11, 10; 11, 17; 11, 18; 11, 53
anmutig 11, 17
Annahme 4, 3; 11, 35; 16, 24
annehmen 12, 22, 12, 24; 12, 29; 12, 47; 19, 14
Annehmlichkeit 11, 10
Annexion 18, 6
anno 1, 21
anöden 11, 27; 11, 29; 16, 54
anonym 13, 4; 13, 19
anordnen 2, 37; 9, 26; 16, 96; 16, 106
Anordnung 9, 15; 9, 26; 16, 106
anorganisch 6, 23
anormal 2, 60; 4, 20
anpassen 9, 31
anpöbeln 16, 53
Anprall 8, 9
Anpreisung 16, 31
anpumpen 18, 17
Anrecht 19, 22
anreden 13, 24
anregen 9, 12; 16, 55
Anregung 9, 12
anrempeln 16, 69
anrüchig 16, 44; 16, 93
Anruf 13, 24
ansässig 2, 3; 16, 1
anschauen 10, 15
anschaulich 13, 1; 13, 33
Anschein 5, 2
Anschein (den A. haben) 4, 3
anscheinend 4, 3
Anschlag 15, 10
Anschluß 3, 33; 3, 48
anschmieren 18, 7
anschnauzen 16, 33
anschreiben 18, 26
anschuldigen 19, 12
anschwärzen 16, 35
anschwellen 3, 3; 3, 20
ansehen 12, 7
Ansehen 16, 85; 16, 95
ansehnlich 3, 2
ansetzen (Fett a.) 3, 10
Ansicht 12, 4
Ansiedlung 17, 1
Anspielung 13, 36
Ansporn 9, 12
ansprechen 13, 24
Anspruch 19, 22
Ansprüche erheben 19, 22
anspruchslos 11, 12; 11, 16; 11, 47
anspruchsvoll 16, 89
Anstalt 12, 36
Anstalt zu treffen 9, 15
Anstalten (A. machen) 9, 26
Anstand 16, 50
anständig 9, 48; 16, 50; 16, 61; 19, 1; 19, 3
anstatt 4, 29
anstecken 7, 41
anstellen 9, 84
anstellig 9, 38; 9, 52
anstiften 4, 31; 9, 12
Anstifter 9, 12
Anstoß 4, 31; 19, 10
Anstoß (A. nehmen) 11, 59; 16, 27; 16, 33
anstößig 11, 14; 16, 33
anstreichen 5, 11
Anstreicher 16, 60
Anstrengung 9, 40
Anstrich 2, 20
Anteil 18, 2
Anteilnahme 11, 50; 12, 7
Anti- 2, 32; 4, 23
Antike 1, 21
Antinomie 4, 23
Antipathie 9, 5
Antlitz 7, 16
Antrag 16, 20; 16, 22
antreten 9, 29
Antwort 13, 26; 13, 44; 13, 47
antworten 13, 26
anvertrauen 13, 4; 13, 5; 18, 16
anwachsen 3, 3
Anwalt 16, 96; 19, 13; 19, 28
Anwaltschaft 19, 28
anweisen 16, 106
anwenden 9, 84
anwesend 2, 3; 4, 1
anwidern 9, 5; 10, 9
Anzahl 3, 20
Anzeichen 12, 43
Anzeige 13, 7; 19, 27
anzeigen 13, 2; 13, 5; 19, 12; 19, 27
Anzeiger 13, 2
anzetteln 16, 116
anziehen 2, 20
anziehend 11, 17
Anziehung(skraft) 11, 14
Anzug 17, 9
Anzug (im Anzug sein) 1, 23
anzünden 5, 4; 5, 36
Apathie 11, 37
apathisch 9, 7; 11, 8
Apollon 11, 17
Apostat 3, 34; 20, 4
Apostel 12, 33; 20, 17
Apotheker 7, 44; 16, 60
Apotheose 20, 10
Apparat 9, 83; 15, 8
Appetit 10, 10; 11, 36
appetitlich 10, 8
Applaus 16, 31
Aprilwetter 4, 25; 9, 9
a priori 12, 14; 12, 17
Arabeske 15, 7
Arbeit 9, 22; 9, 40; 9, 82; 14, 10
arbeiten 9, 18; 9, 22; 9, 38; 9, 40
Arbeiter 4, 39; 9, 22
Arbeitgeber 18, 26
Arbeitshaus 16, 117
arbeitslos 9, 24; 9, 85; 16, 105
Arbeitsloser 9, 85; 18, 4
Arbeitslust 9, 37; 9, 38
archaisch 15, 3
Archipel 6, 17
Architekt 16, 60
Archiv 14, 9
Arena 6, 15; 16, 75
arg 3, 9; 3, 50; 11, 14
Ärger 11, 13; 11, 31; 16, 53
ärgerlich 11, 27; 11, 32; 11, 62; 16, 53
ärgern 11, 14; 11, 27; 11, 31
Ärgernis 19, 10
Arglist 12,53; 13, 4; 19, 9
arglistig 11, 60; 13, 51; 19, 8; 19, 9
im argen liegen 2, 38
arglos 19, 4
Argument 13, 46

Argwohn 12, 24; 12, 23
argwöhnen 12, 24
argwöhnisch 12, 23
Arie 15, 12; 15, 15
Aristokratie 16, 97
Arithmetik 3, 35
arm 3, 25; 4, 47; 11, 13; 11, 28; 13, 42; 18, 4; 18, 15
Arm 9, 83
Arm in Arm 3, 37
Armbrust 17, 12
Armee 16, 74
Armenpflege 11, 52
armselig 9, 45
Armut 3, 25; 18, 4; 18, 15
Aroma 5, 63; 5, 65; 10, 8
aromatisch 5, 63; 10, 8
Arrest 16, 29; 16, 117
arrogant 11, 45; 16, 90
Arsenal 3, 18
Art 4, 8; 9, 25; 11, 2
artig 11, 10; 11, 17; 16, 38; 19, 4
-artig 4, 8
Artikel 18, 24
Artillerie 17, 12
Arznei 7, 44
Arzt 7, 44; 16, 60
Asche 5, 39
Aschenbrödel 16, 36
Askese 20, 13
Asphalt 5, 53
Assel 7, 9
Assessor 16, 99
Assimilation 4, 26
Assistent 9, 70
Ast 7, 3
Aster 7, 2
Ästhet 11, 7; 11, 11; 16, 63
Ästhetik 11, 17
ästhetisch 11, 18
Astrologie 12, 43
Astronomie 6, 2
Asyl 9, 76; 16, 77
Atelier 15, 4; 15, 8
Atem 6, 6
Atheist 20, 3
Äther 5, 8; 5, 42; 5, 60; 6, 2; 10, 3
ätherisch 5, 60
Ätiologie 4, 31
Atlas 5, 41; 6, 11
atmen 5, 60; 7, 17
Atom 3, 4; 3, 36; 5, 42
ätsch 11, 60
ätzen 5, 68; 10, 1; 15, 4; 15, 5
Attacke 16, 76
Attentat 7, 46
au 11, 33
auch 3, 28
Audienz 13, 30
Auditorium 10, 19
Aug (Aug um Aug) 16, 80
Auge 7, 16; 10, 15
Auge (ins Auge fassen) 9, 14
Auge (A. des Gesetzes) 19, 29
Auge (ein Auge zudrücken) 16, 25; 16, 109
Augen (in die Augen springen) 12, 20
Augen (Augen machen) 11, 30
Augenblick 1, 1; 1, 8
Augendiener 16, 32; 16, 72
augenfällig 5, 1
Augenglas 10, 16
Augenmerk 12, 7
Augenschein (in A. nehmen) 10, 15
Augenweide 11, 10; 11, 17; 16, 88
Augenzeuge 10, 15; 12, 32
auf und ab 8, 33
auf (auf und davon) 2, 8
auf (sich belaufen auf) 3, 41
auftauschen 3, 3; 13, 52
aufbieten 9, 37
aufbieten (alles aufbieten) 9, 38
aufbrausen 4, 36
aufbrausend 11, 31; 11, 58
aufdrängen (sich aufdrängen) 16, 115
aufdringlich 16, 20
Aufdringlichkeit 9, 38
Aufenthalts(ort) 16, 1
auferstehen 4, 40
Auferstehung 4, 40; 20, 10
auffallen 4, 20; 4, 21; 11, 30
auffallend 11, 29; 13, 3; 16, 88
auffassen 13, 33
Auffassung 12, 22
aufflackern 5, 4
Aufführung 14, 3
Aufgabe 9, 22; 12, 8; 12, 33
aufgeben 9, 9; 9, 20; 9, 32; 9, 85
aufgeblasen 11, 45
Aufgebot 16, 10
aufgebracht 4, 36
aufgehen 2, 57
aufgeklärt 12, 32; 12, 52; 16, 121
aufgeräumt 11, 9
Aufguß 5, 54
aufhalten 8, 8; 9, 73
aufheben 4, 43; 9, 75; 16, 28; 16, 105; 16, 106
aufheitern 11, 21; 11, 34
aufhetzen 16, 67
aufhorchen 12, 7
aufhören 9, 19; 9, 20; 9, 33
Aufklärung 13, 3; 13, 5
aufkommen 1, 26; 9, 31
Auflage 14, 11
auflauern 16, 71
Auflehnung 16, 65; 16, 116
auflösen 3, 34; 5, 48; 5, 54; 8, 22
auflösen (sich in Wohlgefallen auflösen) 12, 46
Auflösung 3, 34
aufmachen 2, 57
Aufmarsch 8, 21; 16, 88
aufmerksam 9, 4; 9, 38; 11, 40; 11, 52; 12, 3; 12, 7; 12, 35; 16, 38
Aufmerksamkeit 12, 3
aufmuntern 9, 39; 11, 21; 11, 34; 11, 35; 11, 38
aufnehmen 12, 35; 15, 8
aufrecht 2, 11; 19, 1
aufregen 11, 5; 11, 31
Aufregung 11, 5; 11, 31
aufreibend 9, 40
aufrichtig 11, 46; 13, 49
Aufruhr 16, 65; 16, 70; 16, 116
Aufsatz 14, 10
aufschieben 1, 12; 1, 36
aufschlagen 18, 27
aufschneiden 16, 89
Aufschneider 13, 51
Aufschneiderei 16, 89
Aufschnitt 7, 27
Aufsehen 11, 30
Aufsehen (Aufsehen erregen) 16, 31; 16, 88
Aufseher 9, 75; 16, 101
Aufsicht 9, 75; 16, 96; 16, 97
Aufstand 16, 65
aufsteigen 3, 12
aufstellen 2, 3
auftakeln 9, 26
Auftakt 9, 29
auftauchen 8, 24
Auftrag 13, 9; 16, 103; 16, 106
Auftrag (Auftrag erteilen) 16, 106
auftreten 9, 25; 14, 3
aufwärmen 1, 28
aufwärts 2, 33; 8, 28
Aufwartefrau 16, 112
aufwarten 9, 70
Aufwartung (Aufw. machen) 16, 30; 16, 38; 16, 64
aufwiegeln 16, 116
aufzeichnen 14, 9
Aufzug 8, 28
Auge 13, 1
aus- 2, 4; 8, 24
aus 9, 33; 12, 46
aus (z. B. aus Furcht) 4, 31
ausarbeiten 9, 26; 9, 57; 14, 5
ausbaden 19, 32
ausbedingen 19, 15
ausbessern 9, 57; 9, 58
Ausbeuter 19, 7
ausbilden 9, 26

Ausbildung 9, 26
ausbreiten 3, 8
ausbuchten 2, 49
Ausbund 9, 64; 19,10
Ausdauer 9, 30; 9, 38
ausdauern 9, 30
ausdehnen 3, 8
ausdehnen (sich) 3, 1; 3, 6
Ausdehnung 3, 8
Ausdruck 5, 2; 13, 16; 13, 17; 13, 20; 15, 10
ausdrücklich 9, 14; 12, 26; 13, 2; 13, 28; 16, 106; 16, 108
ausdruckslos 13, 18
ausdrucksvoll 9, 44; 13, 12
Ausdrucksweise 13, 38
auseinander- 3, 34; 4, 23
auseinander- (gehen usw.) 8, 22
auseinandersetzen 12, 14; 13, 33; 13, 44
Auseinandersetzung 16, 67; 16, 70
auserlesen 9, 64; 16, 85
Ausfall- 16, 77
ausfallend 11, 58
ausfindig (ausfindig machen) 12, 20
Ausflucht 9, 13; 9, 76; 13, 51; 19, 13; 19, 25
Ausflüchte (Ausfl. machen) 16, 27
Ausflug 16, 6
ausfragen 9, 28
ausfressen 19, 11
Ausfuhr 8, 3; 18, 20
ausführen 4, 39; 9, 25; 9, 35; 13, 20; 16, 26; 16, 95
Ausfuhrhändler 18, 23
ausfüllen 3, 41
Ausgabe 3, 31; 14, 11
Ausgang 8, 24; 9, 33
ausgeben 3, 31; 18, 26
ausgedient 4, 37
ausgehen auf 9, 15
ausgelassen 11, 21; 11, 29; 11, 39; 13, 52; 16, 55; 16, 119
ausgenommen 3, 49; 4, 20; 13, 48
ausgeschlossen 4, 3
ausgestoßen 16, 52
ausgezeichnet 9, 56
ausgiebig 3, 23
Ausgleich 16, 48
ausgleichen 3, 27; 18, 18
ausgleiten 8, 31
Ausguck 13, 10
Ausguß (an Gefäßen) 2, 57
aushecken 4, 39; 9, 26
Ausklopfer 9, 66
auskommen 3, 23
auskundschaften 12, 8
Auskunft 13, 26; 13, 44
Auskunftei 13, 9
auslachen 11, 24; 16, 54
auslassen 11, 11
Auslassung 3, 30
Auslegung 13, 34
Auslese 9, 11; 9, 56; 9, 64
ausliefern 16, 118
Auslieferung 8, 3
auslösen 4, 31
Ausmarsch 8, 24
Ausmaß 3, 1
ausmerzen 4, 42
Ausnahme 1, 29; 4, 20; 9, 32; 13, 48; 19, 25
ausnahmslos 4, 19
ausnützen 9, 46; 9, 49; 18, 5
auspfeifen 16, 34
ausplündern 18, 6
Auspuff 5, 61
Ausrede 9, 13; 19, 13
ausreichen 3, 23
ausrücken 8, 18
Ausruf 13, 37
Ausrüstung 17, 15
Aussage 13, 28
Aussatz 11, 28
aussaugen 4, 42
ausschalten 3, 49
Ausschank 18, 25
ausscheiden 3, 49; 16, 104
ausschlaggebend 4, 31; 9, 11; 9, 12; 9, 44; 12, 15; 16,95
ausschließlich 3, 49
Ausschluß 3, 34
Ausschnitt 3, 42
Ausschreitungen 11, 60
Ausschuß 3, 32; 16, 96; 16, 102
ausschütten 8, 22
ausschwatzen 13, 5
ausschweifen 11, 11
ausschweifend 16, 44
Aussehen 4, 8; 5, 2
aussehen 5, 2
außen 2, 18
Außenseiter 3, 34
außer 3, 30; 3, 49; 4, 20
außer sich 11, 5; 11, 30; 11, 31
außer (außer Sicht) 2, 8
außerdem 3, 28; 3, 32; 3, 33
außergewöhnlich 1, 29; 4, 20; 9, 32
außerhalb 3, 49
äußerlich 2, 18
äußern 13, 3; 13, 13; 13, 21
außerordentlich 3, 2; 3, 50
äußerst 3, 50; 3, 51
außerstande sein 9, 73
Aussicht 12, 41
Aussicht (in Auss.) 11, 35
Aussicht (in Auss. stehen) 4, 3
aussichtslos 9, 55; 11, 41
aussöhnen 16, 47; 16, 48
aussondern 9, 49
aussperren 3, 49
Aussprache 13, 13; 13, 30
ausstechen 16, 93
ausstechen (die andern ausst.) 16, 85
ausstehen (nicht ausst. können) 11, 62
aussterben 3, 26
Aussteuer 18, 12
ausstoßen 19, 32
Austausch 4, 28; 18 20
austeilen 18, 12
austreten 3, 34
ausüben 9, 31
Auswahl 3, 17
auswärts 2, 8; 2, 18
Ausweg 9, 5; 9, 13; 9, 25; 9, 76; 9, 82; 12, 53; 13, 51
ausweichen 8, 12; 9, 5; 9, 20; 11, 59
Ausweis 13, 1
auswendig (ausw. lernen) 12, 35; 12, 39
auswischen (eins auswischen) 11, 60
Auswirkung 4, 34
Auswurf 8, 24
Auszehrung 3, 5
auszeichnen 16, 85
auszeichnen (sich aus zeichnen) 9, 52
Auszeichnung 16, 31; 16, 46; 16, 86
ausziehen 2, 22
Auszug 14, 12
Auto 8, 4
automatisch 4, 33; 9, 16
Autonomie 4, 14; 16, 97; 16, 119
autorisieren 16, 103
Autorität 12, 52; 16, 85; 16, 97
Avenue 8, 11
Axt 2,55; 17, 15
Azur 5, 21

B

Bacchant 11, 11
Bach 5, 55
Backbord 2, 27; 2, 30
backen 5, 39
Bäcker 16, 60
Backfisch 7, 22
Backofen 5, 37
Backpfeife 16, 78
Backwerk 7, 27
Bad 9, 66
baden 5, 55; 5, 57; 9, 66
Bader 7, 44
Bagatelle 9, 45
bagatellisieren 9, 45; 12, 51
baggern 3, 14
Bahn 16, 6
Bahn (freie Bahn) 16, 119
Bahnbrecher 9, 26; 12, 20
bahnen 2, 52
Bahnhof 8, 20; 16, 6
Bai 6, 18
Bajadere 16, 45
Bake 13, 1; 13, 10
bald 1, 24; 1, 35
Baldrian 7, 2
Balken 17, 2
Balkon 17, 2
Ball 16, 55; 16, 58; 16, 64
Ballast 5, 41
Ballerina 14, 3
Ballett 14, 3
Ballspiele 16, 56; 16, 57
Balsam 11, 34
Bambus 7, 2
Bammel 11, 42
banal 11, 26
Banane 7, 2
Banause 11, 26; 12, 37; 12, 55
Band 3, 33; 3, 44; 13, 1; 14, 11; 16, 86
Bande 16, 16; 16, 111
bändigen 7, 10
bange 11, 42
bange (bange machen) 16, 68
bangen 11, 42
Bank 16, 17; 17, 3; 18, 21; 18, 30
Bankett 16, 55
bankrott 9, 78; 18, 19
Bankrott 9, 78; 18, 19
Bann 3, 49; 16, 29
bannen 19, 32
Bannspruch 16, 37
bar 2, 22; 18, 21
Bar 7, 31
Barbar 4, 42; 11, 29
Barbarei 11, 61
barbarisch 11, 61; 12, 37; 16, 94; 16, 120
Bärbeißigkeit 16, 53
Bären (Bären aufbinden) 13, 51
Bärenlauch 7, 2
Bargeld 18, 21
Bärlapp 7, 2
barmherzig 11, 50; 11, 52; 18, 13
barock 13, 43; 13, 52; 15, 3
Barometer 6, 4
Barriere 2, 58
Barrikade 16, 77
barsch 5, 31
Bart 2, 53; 7, 16
Bart (um den Bart gehen) 16, 32
bärtig 2, 53
Basis 2, 34; 9, 26
Bast 7, 2
basta 9, 6
Bastard 6, 21; 16, 94
Batterie 17, 12; 17, 15
Bau 13, 38; 17, 1
Bau (Leute vom B.) 12, 32
Bauart 15, 3
Bauch 2, 48; 3, 10; 7, 16
bauchig 2, 48
bauen 4, 39
Bauer 7, 5; 16, 4; 16, 60; 16, 91
Bauernfänger 16, 72; 18, 8
Baum 7, 1
baumeln 2, 17; 8, 33
Baumschule 7, 5
Baumwolle 17, 8
Bausch 3, 3
Bazar 18, 25
Bazillus 7, 43
beabsichtigen 9, 14; 12, 3
beabsichtigt 9, 2
beachten 9, 42; 12, 7; 16, 26
Beachtung 12, 7
Beamter 16, 60; 16, 96; 16, 112; 16, 113
beanspruchen 19, 22
bearbeiten 16, 95
beaufsichtigen 16, 97
Beauftragter 16, 103
beben 11, 42
Becher 17, 6
bedacht 11, 40
Bedacht (mit Bed.) 11, 8
bedächtig 8, 8; 9, 42; 12, 7
bedauern 11, 32; 11, 50; 19, 5
Bedauern (sein Bed. ausdrücken) 16, 82
bedauernswert 4, 47
bedaure 13, 29; 16, 27
Bedeckung 2, 20; 9, 75; 9, 76
bedenken 9, 42; 11, 40
bedenken (sich bed.) 12, 3; 12, 23
Bedenken 9, 5; 9, 7; 9, 17; 11, 42
Bedenken (Bed. tragen) 12, 23
bedeutend 9, 44; 16, 85
bedeutsam 9, 44
Bedeutung 9, 44; 13, 17
bedienen 16, 112; 16, 114
Bedienter 16, 112
Bedienung 16, 96
bedingen 4, 31
bedingt 13, 48
bedingt sein 4, 12
Bedingung 4, 31; 4, 32; 13, 48; 19, 15
Bedrängnis 4, 47; 9, 55; 11, 13; 16, 107
bedrängt 9, 55; 9, 74
bedrohen 16, 68
bedrohlich 9, 74
bedrücken 11, 60
Bedürfnis 9, 81
beeilen 9, 39
beeilen (sich beeilen) 9, 38
beeinflussen 4, 18; 9, 12
beeinträchtigen 9, 50; 9, 63
beerdigen 7, 48
Beet 7, 5
befähigt 9, 26; 12, 52
Befangenheit 11, 42
Befehl 16, 103; 16, 106
Befehl (zu Befehl) 16, 24
befehlen 16, 106
Befehlshaber 16, 98
Befestigung 9, 76
befinden (sich) 2, 3
beflissen 16, 114
Beförderung 16, 46; 16, 85
befreien 16, 25; 16, 118; 19, 25
befreunden 9, 70
befreunden (sich befreunden) 16, 41
befreundet 16, 41
befriedigen 11, 16; 16, 48
befriedigend 3, 23
Befugnis 16, 97; 16, 103
befugt 16, 25; 19, 22
Befund 12, 11; 12, 14; 12, 20; 12, 49
befürchten 11, 42; 12, 23
Befürchtung 12, 41
begabt 9, 52
Begabung 9, 52; 12, 2; 12, 52
begehren 9, 2; 9, 81; 11, 36; 16, 20; 16, 106
Begehren 11, 36
begehrenswert 11, 36
begehrt 18, 23
begeistern 11, 5
begeistert 11, 53
Begeisterung 11, 5; 11, 9
Begierde 9, 2; 11, 36; 11, 57

begierig 11, 36; 12,41
begießen 5, 57
beginnen 9, 21; 9, 29
beglaubigen 13, 28
beglaubigt 16, 103
Beglaubigung 19, 16
begleichen (nordd.) 18, 26
begleiten 1, 13; 9,75; 15, 13; 15, 15
Begleiter 3, 37; 16, 41
begnadigen 19, 30
Begnadigung 16, 47
begraben 3, 14; 7, 48
begreifen 12, 31; 12, 32; 13, 33
begrenzt 3, 9
Begriff 12, 4; 12, 22; 12, 32
Begriffe (im) 3, 45
begründen 12, 14; 12, 15; 13, 46
begründet 13, 46
begrüßen 13, 24; 16, 38; 16, 87
begünstigen 19, 21
begutachten 19, 27
begütert 18, 3
behaglich 11, 10; 11, 16
behalten 12, 39
Behälter 17, 7
behandeln 7, 44
beharren 9, 8; 9, 30
beharrlich 9, 8
Beharrlichkeit 5, 46
Behelf 4, 29
beherrschen 12, 32; 16, 97
beherzt 9, 6; 11, 38
behilflich 9, 46; 9, 70
behilflich (behilflich sein) 9, 70
Behörde 16, 96; 16, 97; 19, 29; 16, 102
behutsam 13, 10
bei 2, 9
bei- 3, 28; 3, 37
Beichte 20, 16
beichten 13, 5; 19, 5
beide 3, 37
Beifall 9, 77; 11, 22; 12, 47
beifügen 3, 28; 3, 48
Beifügung 3, 28
beige (Farbe) 5, 19
beigeben (klein beig.) 11, 43; 11, 48; 16, 114
Beilage 14, 11
Beileid 11, 50
Bein 7, 16
Bein (Bein stellen) 16, 71
beinahe 2, 9
Beiname 13, 16; 13, 19
beiordnen 3, 37
Beirat 13, 9
Beischlaf 16, 44
beiseite (beiseite legen) 3, 29; 9, 43
beiseite (beiseite schieben) 9, 43
Beispiel 12, 29; 13, 44
beißen 5, 68; 10, 1
Beistand 9, 69; 9, 70
beistehen 9, 70; 11, 52
Beitrag 9, 70
beitreten 3, 33; 3, 48
Beize 7, 12
beizeiten 1, 35
bejahen 12, 47; 13,28
bejahrt 7, 25
bekannt 12, 32; 13, 6; 16, 41
Bekanntgabe 13, 2
bekanntgeben 13, 2
bekehren 12, 33; 20, 1
bekennen 13, 5; 13, 49
Beklagter 19, 28
bekleiden 2, 20
bekommen 18, 5
bekömmlich 7, 44
bekriegen 16, 67; 16, 70; 16, 73
bekunden 13, 46
beladen 3, 19; 5, 41
Belagerungszustand 19, 19
Belang 4, 13
belanglos 9, 45
belasten 3, 19
belastend 19, 12
belästigen 11, 14; 16, 64; 16, 69; 19, 9
beleben 11, 34
belegt 13, 1
belehren 12, 32; 12, 33
beleidigen 9, 63; 11, 14; 12, 51; 16, 53; 16, 76; 16, 90; 19,9
Beleidigung 11, 31; 16 33
belesen 12, 32
Beleuchtung 5, 4; 15, 4
Belieben (nach B.) 9, 11
beliebt 16, 31; 16, 41
Beliebtheit 11, 53
bellen 5, 33
Belohnung 11, 54; 16, 31; 16, 46
bemalen 2, 20; 5, 11
bemänteln 12, 27
bemerken 10, 15; 11, 4
bemerkenswert 9, 44
bemogeln 18, 8
bemühen 9, 42; 11, 36; 16, 20
bemühen (sich b.) 9, 21; 9, 38
benachrichtigen 13, 2
benachteiligen 11, 14; 18, 8
Benehmen 4, 11; 16, 38
benehmen (sich b.) 4, 11; 9, 25
beneiden 11, 57; 11, 60
beneidenswert 4, 46
benennen 13, 16
Bengel 7, 22
benötigen 3, 31
benützen 9, 46
Benutzung 9, 84
beobachten 9, 28; 12, 7; 16, 26
Beobachter 10, 15
beordern 16, 106
bepacken 5, 41
bequem 9, 24; 9, 36; 9, 54
bequem (sichs b. machen) 11, 16
beraten 13, 9
Breatung 16, 102
berauben 18, 15
berauscht 11, 5
berechnen 12, 8; 12, 12
berechnend 19, 7
Berechnung 11, 40; 12, 12
berechtigt 16, 97; 16, 103; 19, 18
Berechtigung 16, 25
Beredsamkeit 13, 21
beredt 13, 22
Bereich 16, 97
bereit 9, 4; 9, 26
bereits 1, 11; 1, 19
bereuen 11, 32; 19, 5
Berg 2, 48; 3, 12
bergauf 8, 28
Bergbau 6, 23
bergen 2, 19; 9, 75
Bergmann 6, 23
Bergsteiger 16, 6
Bericht 13, 6
berichten 13, 2; 14, 1; 14, 9
Berichterstatter 13, 2; 14, 1; 14, 9
berichtigen 9, 57
Berichtigung 9, 57
Bernstein 5, 19
Berserker 4, 36; 11, 5; 11, 31
bersten 3, 34; 5, 29; 5, 47
berüchtigt 16, 93
berücken 11, 53
berückend 11, 17
berücksichtigen 13,48
Beruf 9, 18; 9, 22; 16, 60
berufen 16, 103
Berufsberater 16,60
Berufung 19, 27
beruhen 13, 46
beruhen (auf etwas b.) 4, 34
beruhigen 4, 38
Beruhigungsmittel 4, 38
berühmt 13, 6
berühren 2, 9; 10, 2
Berührung 10, 2
besagte 1, 28
besänftigen 4, 38; 11, 8
Besatz 17, 10
Besatzung 9, 75; 16, 74; 16, 77
besaufen (sich b.) 7, 32
beschädigen 9, 63
beschaffen 4, 8
Beschaffenheit 4, 8
beschäftigen 9, 84; 16, 103

beschäftigen (sich b.) 9, 8; 9, 22; 12, 3
Bescheid 12, 11; 12, 14; 13, 2; 13, 9; 13, 26; 19, 27
Bescheid (B. wissen) 9, 52
bescheiden 11, 16; 11, 47; 16, 50
Bescheidenheit 11, 47
beschenken 18, 12
Beschimpfung 16, 34
beschlafen 1, 36
Beschlagnahme 16, 29; 16, 106; 19, 32
beschleunigen 9, 38
Beschluß 16, 106
beschmutzen 9, 63; 9,67; 11, 28
beschneiden 3, 7
beschnuppern 10, 6
beschönigen 13, 45; 16, 72; 19, 13
beschränken 16, 29
beschränkt 3, 4; 9, 53; 12, 37; 12, 55; 12, 56
beschreiben 14, 1
Beschreibung 13, 1
beschuldigen 16, 33
Beschludigung 19, 12
beschützen 9, 70
beschwatzen 16, 72
Beschwerde 11, 14; 16, 33; 19, 12
beschwerlich 9, 55
beschwichtigen 4, 38; 11, 8
beschwören 13, 28; 16, 20; 16, 23
beseitigen 4, 42; 9, 33; 9, 75
Besen 9, 66
besessen 11, 36; 20, 12
besetzt 3, 21
besetzen 2, 3
besichtigen 12, 7
besiegen 9, 35; 9, 73; 16, 73; 16, 76; 16, 84
besingen 16, 31
besinnen 12, 39
besitzen 18, 1
Besitzer 18, 1
besoffen 7, 32; 12, 57
Besonderheit 4, 21
besonders 3, 36; 3, 51; 4, 20
besonnen 4, 38; 11,8; 11, 40
Besorgnis 11, 42
besorgt 11, 13
besprechen 13, 2; 13, 30
besprenkeln 5, 23
bespritzen 5, 57;6,21
Besserung 19, 5
Bestallung 16, 103
Bestand 3, 18
beständig 1, 31; 1, 34; 9, 6
Beständigkeit 1, 7; 19, 1
Bestandteil 3, 42
bestätigen 12, 26; 12, 47; 16, 24; 19, 14
Betätigung 9, 18; 13, 1; 16, 103; 19, 22
bestechlich 19, 8
bestehen 4, 1; 16,107
Bestehen 4, 1
bestehen auf 9, 6; 9, 8; 16, 108
bestehen aus 3, 48; 6, 20
bestellen 13, 2
Bestie 11, 61; 19, 9
bestimmen 12, 49; 16, 106
bestimmt 4, 6; 4, 19; 12, 26; 13, 28; 13, 33; 16, 106; 16,108
Bestimmung 4, 45; 9, 14
bestrafen 19, 32
bestürzt 11, 30; 11, 42
Besuch 13, 30; 16, 6; 16, 39; 16, 41; 16, 55; 16, 64
besuchen 8, 20; 16,6; 16, 38; 16, 64
besudeln 9, 67; 11, 28
betäuben 10, 3; 10, 20; 11, 5; 11, 8
beteilige n(sich b. an) 9, 69
beten 20, 13
betonen 9, 44; 13, 28
Betonung 13, 13; 13, 36
betören 11,5; 13, 51; 16, 44; 16, 72
betrachten 12, 3; 12, 7; 12, 8
Betrag 18, 26
Betragen 9, 25
betreffen 4, 13
betreffs 4, 13
betreiben 9, 38
Betrieb 9, 21; 9, 82
betrüben 11, 14
betrüblich 11, 33
Betrübnis 11, 32
betrübt 11, 13; 11,32
Betrug 12, 53; 16, 72; 19, 11
betrügen 16, 72; 19, 8; 19, 20
betrunken 7, 32
Bett 17, 3
Bettler 16, 20; 18, 4
beugen 2, 43; 2, 46; 8, 30; 11, 48; 13, 31; 16, 114; 16,115
beugen (sich beugen) 16, 83
beurlauben 3, 34; 16, 105
beurteilen 12, 11; 12, 12; 12, 49; 13, 9
bevölkern 2, 3
Bevölkerung 16, 4
bevollmächtigen 4, 35; 16, 25
bevollmächtigt 16, 103
bevor 1, 11
bevorstehen 1, 23; 1, 24
bevorzugen 19, 21
bewachen 16, 77
bewahren 1, 7; 4, 43
bewähren (sich b.) 9, 56
bewahrheiten 12, 26
bewährt 9, 52; 9, 56
Bewährung 12, 9
bewandert 9, 52
Bewandtnis 4, 12
bewegen (sich b.) 8, 1
Beweggrund 4, 31; 9, 12
beweglich 9, 38
Beweis 13, 1; 13, 46
Beweisaufnahme 19, 27
beweisen 4, 6; 12, 14; 13, 17; 13, 46
Beweisführung 12, 14
Bewerbung 16, 20; 16, 42
bewerkstelligen 9,25; 9, 35; 9, 77; 16, 26
bewilligen 16, 25
bewirken 4, 31
bewirten 7, 26; 9, 70; 16, 55; 16, 64
bewirtschaften 7, 5
bewohnen 2, 3
Bewohner 16, 4
bewundern 11, 17; 11, 30; 11, 53; 16, 30; 16, 31
bewußt 9, 14; 11, 4
bewußt (b. werden) 12, 32
Bewußtsein 11, 1; 11, 2; 11, 4; 12, 32
bezahlen 16, 46; 18, 26
Bezahlung 18, 26
bezaubern 11, 5; 11, 10; 11, 30; 11, 53
bezaubernd 11, 10; 11, 17; 11, 53
bezeichnen 12, 15; 13, 1; 13, 3; 13, 16; 13, 17; 13, 46
bezeichnend 9, 44
Bezeichnung 13, 16
bezeugen 13, 1
bezichtigen 19, 12
Beziehung 4, 13
Beziehungen 16, 41
Beziehungen (B. abbrechen) 16, 67
beziffern (sich b.) 3, 35
Bezirk 9, 22
in bezug auf 4, 13
Bezug haben auf 4, 13
bezüglich 12, 4
bezwecken 9, 14
bezweifeln 4, 7
bi- 3, 37
bibbern 8, 34
Bibel 20, 19
Bibliothek 14, 11
biblisch 20, 19
bieder 19, 1; 19, 3
Biedermann 19, 4
biegen 2, 43; 13, 31; 16, 115
biegen (sich biegen) 5, 45
biegsam 5, 50

Biegung 2, 43; 2, 45; 2, 46
Bienen 7, 9
Bienenkorb 9,23; 17,1
Bier 7, 31
Bierjunge 16, 69
Bierleiche 7, 32
Biest 7, 8
Bilanz 18, 30
Bild 4, 18; 12, 4; 13, 1; 13, 36
Bilde (im B. sein) 12, 32
bilden 4, 1; 12, 32; 12, 33; 15, 1; 15, 4; 15, 9; 16, 38
bilden (ausbilden) 9, 57
Bildhauer 15, 9
bildlich 12, 10; 13, 1; 13, 36
Bildnis 15, 4
bildschön 11, 17
Bildung 12, 32; 12, 33; 16, 38; 16, 61; 16, 121
Bildungsphilister 11, 26
billig 11, 29; 12, 14; 18, 28; 19, 18
billigen 12, 47; 16, 31
billigerweise 4, 3
binden 3, 33; 16, 111
bindend 19, 24
Bindewort 3, 33
Bindung 3, 33
binnen- 2, 19
Binnenmeer 2, 19
Binse 7, 2
Binsen 7, 2
Biologie 4, 39
Birke 7, 2
Birne 5, 5
Birsch 7, 12
bis 1, 22
Bischof 16, 98
bisher 1, 22
bißchen (ein b.) 3, 4; 3, 24
bissig 11, 58
bisweilen 1, 30
Bitte 9, 12; 13, 9
bitte (bitte schön) 16, 20
bitten 9, 12; 16, 20; 16, 115
bitter 5, 68; 9, 37; 11, 14; 16, 33
Bittsteller 16, 20
bizarr 11, 24
blähen 3, 3
blakt 5, 6
blamieren 11, 29; 11, 49; 16, 33; 16, 93
blamieren (sich bl.) 9, 53; 11, 24; 16, 93
blank 5, 4; 5, 13
Blasebalg 5, 61
blasen 5, 60; 6, 6
blasiert 9, 19; 11, 8; 11, 26; 11, 27
blaß 5, 12; 5, 13; 7, 41; 11, 42
Blatt 3, 13; 7, 3; 14, 11
Blatt (kein Bl. vor den Mund nehmen) 13, 49
blau 5, 21
Blaubart 16, 44
blaues (bl. Blut) 16, 91
Blaustrumpf 11, 49; 12, 32
Blech 12, 19; 12, 56; 12, 57
bleiben 1,7; 2, 3; 3, 32; 8, 2; 9, 30
bleich 5, 12; 5, 13; 7, 41; 11, 32; 11, 42
bleichen 5, 12; 5, 13
Bleigießen 12, 43
Blende 5, 6
blenden 10, 18; 11, 45; 11, 53; 13, 51; 16, 88
blendend 11, 17
Blick 10, 15
blicken 10, 15
blind 5, 6; 5, 10; 9, 3; 10, 18; 11, 39; 12, 13
blindlings 9, 3; 9, 16; 10, 18
blinken 5, 4
blinzeln 10, 17; 10, 18
Blitz 5, 5; 6, 10
blitzen 5, 4; 6, 10
Blockade 2, 58; 9,73; 16, 117
blockieren 2, 58
blöd 12, 56; 12, 57
blöde 9, 53
Blödsinn 12, 56
blöken 5, 33
blond 5, 19
bloß 3, 25
bloßstellen 13, 3; 13, 5; 16, 93
Bluff 9, 13; 13, 51
blühen 7, 1; 9, 77; 11, 17
blühen (im Verborgenen bl.) 11, 47
blühend 13, 43
Blume 5, 63; 7, 1; 9, 64; 10, 8; 16, 85
Blume (durch die Bl.) 13, 36
Blume(nstrauß) 5, 63
Blumengewinde 15, 7
Blut 5, 54; 7, 16; 16, 18
Blutbad 4, 42
Blüte 7, 3; 9, 64
bluten 7, 42
blutgierig 11, 60
Bluthund 11, 60
Blutrache 16, 81
Blutsauger 18, 7; 18, 16; 19, 9
Blutschande 16, 44
Blutvergießen 11, 61; 16, 73
Böcke (B. schießen) 9, 53; 12, 27
Boden 2, 34; 3, 13; 17, 2
bodenlos 3, 14; 3, 50
Böe 6, 6
Bogen 2, 46; 14, 11; 17, 12
Bohème 15, 4
Bohle 3, 43
böhmische (b. Dörfer) 12, 37
Bohnen 7, 2
Bohnenstange 3, 12
Bohnenstange (lang wie eine B.) 3, 11
bohren 2, 49; 2, 57
Bohrer 17, 15
Bohrmuscheln 7, 9
Bollwerk 9, 73; 16, 77
Bombast 13, 18
bombastisch 11, 24; 11, 29; 13, 43; 16, 89
Bombe 17, 13
Bommel 2, 17
Bonze 12, 55; 16, 95
Boot 8, 5
borgen 18, 16; 18, 17
Börse 18, 21; 18, 25
Börsenspieler 18, 30
Borste 2, 53; 2, 55
borstig 2, 53; 2, 55
bösartig 11, 58; 11, 60
böse 11, 31; 11, 60; 16, 53
Bösewicht 19, 8; 19, 9
boshaft 11, 62; 16, 35; 16, 53; 16, 67; 19, 8; 19, 9
Bosheit 11, 31; 19, 9
Botanik 7, 1
Bote 8, 3; 13, 2; 13, 8; 16, 6
Botschaft 13, 7
Botschafter 13, 8; 16, 60; 16, 103
Bowle 7, 31
boykottieren 16, 52; 16, 66; 19, 32
brabbeln 13, 27
brach 7, 7; 9, 27
Branche 9, 22
Brand 5, 36; 10, 13
Brandbrief 16, 68
branden 4, 36
Brandmal 19, 32
brandmarken 19, 12; 19, 31; 19, 32
Brandopfer 19, 26
Brandstätte 5, 37
Brandstifter 5, 36
Brandung 8, 33
braten 5, 39; 10, 4
Brauch 4, 19; 9, 31
brauchbar 9, 46; 9, 52; 9, 84
brauchen 9, 25; 9, 81; 9, 84; 11,36
Brauer 16, 60
braun 5, 16
Brause 5, 55
Brausekopf 11, 58
brausen 5, 26; 5, 30; 5, 59; 6,6
Braut 11, 53; 16, 10
Bräutigam 16, 10
brav 11, 26; 11, 38; 19, 1; 19, 3; 19, 4
bravo 16, 31
brechen 2, 43; 5, 47
brechen (das Herz br.) 11, 32

Brechmittel 11, 59
Brei 5, 51
breiig 5, 51
breit 2, 1; 3, 8; 3, 10; 3, 13; 13, 43
Breitengrad 6, 11; 6, 13
breitschlagen 9, 12
Bremse 9, 73
bremsen 2, 36; 9, 73
brennen 5, 36; 5, 68; 10, 1; 11, 14
Brennessel 7, 2
Bresche 2, 10; 8, 25
Brett 2, 12; 3, 13; 3, 43; 17, 5
Brett (Br. vor dem Kopf) 12, 56
Brikett 5, 38
Brief 13, 2; 13, 7; 14, 8
Briefträger 13, 2; 16, 60
brillant 11, 17
Brille 10, 16
Brimborium 13, 43
bringen 8, 3
Brise 6, 6
bröckeln 5, 48
Brombeere 7, 2
Bronze 6, 25; 15, 9
Brot 7, 27
Brotkorb (den Br. höher hängen) 3, 25
Bruch 2, 36; 2, 43; 2, 45; 9, 63; 16, 28; 16, 67
brüchig 5, 47
Bruchstück 3, 42
Bruchteil 3, 42
Brücke 3, 33; 8, 27
Brücken (goldene Br. bauen) 16, 22; 16, 48
Brüder (Br. im Herrn) 20, 22
brüderlich 16, 40; 16, 41
Brüderlichkeit 11, 51
Bruderschaft 16, 41
Brühe 7, 27
brühen 5, 39
brühwarm 1, 14
brüllen 5, 26; 5, 33; 5, 34; 15, 17
brummen 5, 32; 5, 33; 19, 33
brünnett 5, 16
Brunnen 3, 18
Brunnen (artesischer) 5, 55
Brunnenkresse 7, 2
Brunst 11, 36
Brust 7, 16; 11, 1; 11, 2; 12, 2
brüsten (sich br.) 11, 45
brüsten 16, 89
Brüstung 17, 2
Brut 4, 41; 7, 10
brutal 11, 11; 11, 61; 16, 53; 16, 107; 19, 9
brüten 7, 18
Buch 14, 9; 14, 11
Buch (B. mit sieben Siegeln) 13, 23
Buchbinder 16, 60
Buchdrucker 14, 11; 16, 60
Bücherkunde 14, 11
Bücherwurm 12, 32
Buchhalter 12, 12; 14, 5; 14, 9; 16, 60
Buchhändler 16, 60
Buchs 7, 2
Büchse 17, 7
Buchstabe 14, 5; 14, 6
buchstäblich 3, 41
Bucht 2, 49; 6, 18
Buchweizen 7, 2
Buchwissen 12, 32
Buckel 2, 48
Buckel (den B. herunterrutschen) 11, 59
bucklig 2, 46; 2, 60; 11, 28
bücken (sich b.) 3, 13
buddeln 2, 49
Bug 2, 26
buhlen 16, 44
Bühne 5, 2; 10, 15; 14, 3; 17, 2
Bulle 19, 19
bum 5, 29
Bumerang 8, 10
bummeln 9, 24; 9, 43
bums 8, 21
Bund 3, 17; 9, 68; 16, 17; 16, 64
Bündel 3, 17
Bundesgenosse 9, 70
bündig 13, 39
Bündnis 9, 68
bunt 4, 22; 5, 11; 5, 23; 6, 21
Burg 16, 2; 16, 77; 17, 1
bürgen 19, 16
Bürger 12, 55; 16, 4; 16, 91
bürgerlich 16, 92; 16, 94
Bürgermeister 16, 60; 16, 96; 16, 98; 16, 99
Bürgerrecht 16, 119
Bürgschaft 13, 46; 16, 23; 19, 16
burlesk 11, 23; 11, 24
Bursche 12, 35; 16, 112
burschikos 11, 20
Bürste 2, 53
bürsten 9, 66
Busch (B. klopfen) 13, 25
Busch-Windröschen 7, 2
buschig 2, 53
Busen 11, 1; 11, 2; 12, 2
Busen, weiblicher 7, 16
Buße 16, 81; 19, 5; 19, 32
büßen 9, 50; 19, 26; 20, 1
Bürde 5, 41
Büttel 16, 101
Butter 7, 27
Butter (Anke, alem.) 5, 52
Butterblume 7, 2
Butterbrot (um ein B.) 18, 28
buttern 5, 51

C

Chamäleon 5, 23
chamois 5, 16
Chaos 2, 38
Charakter 11, 2; 12, 22; 15, 3
Charakteristikum 4, 9
charakteristisch 4, 9; 12, 11
charakterlos 19, 8; 19, 10; 16, 115
Charakterlosigkeit 19, 9
Charakterstärke 19, 1
Charme 11, 53; 11, 17
Chauffeur 8, 11; 16, 6; 16, 96
Chef 16, 96
Chemie 6, 20
-chen. 3, 4
Chiffre 13, 34
Chirurgie 7, 44
Chlor 6, 26; 15, 12
Choleriker 11, 6; 11, 58
christlich 20, 1
Christus 20, 8
chronologisch 1, 9
Cigarre 7, 34
Cocktail 7, 31
corpus delicti 19, 12
Couch 17, 3
Credo 20, 1
Creme 5, 51
crescendo 3, 3; 5, 26
Chronik 14, 1; 14, 9

D

da capo 16, 31
Dach 2, 20; 2, 33; 3, 12; 8, 28
dafürhalten 12, 22
dagegen sein 9, 5
daheim 8, 20
daher 12, 16
dahin 1, 19
dahingestellt sein lassen 4, 7
dahinter (sich dah. machen) 9, 29
dahinter her sein 9, 21
dahinterkommen 12, 32
dämlich 12, 56
dämmern 1, 2; 5, 6; 9, 29; 12, 13; 12, 31
damals 1, 19
Dame 16, 38
damit 9, 14
Damm 2, 58; 5, 58
Dämmerung 5, 4
Damoklesschwert 9, 74
Dämon 4, 47; 20, 5
dämonisch 11, 60; 20, 5
Dampf 5, 59; 5, 60
dämpfen 5, 27; 11, 8; 11, 34; 11, 47
dampfen 5, 35
Dampfer 8, 5
danach 1, 12
dank 4, 21
Dank 11, 54; 16, 46; 16, 113
dankbar 11, 54; 16, 113
danken 11, 54; 16, 46
Dankgebet 20, 13
dann 3, 33
dann und wann 1, 30
Dandy 16, 63
darauf 1, 12
darben 3, 25; 7, 29; 10, 10; 18, 4
darbringen 16, 22
darlegen 13, 44; 13, 46
Darlehen 18, 17
Darre 5, 58
darstellen 14, 1; 14, 3; 15, 1; 15, 4
Darstellung 13, 17
darum 4, 31; 12, 16
da sein 4, 1
da (selbst) 2, 3
Dasein 7, 17
datieren 1, 9
Dattelpalme 7, 2
Dauer 1, 34
dauernd 1, 34
Dauerredner 13, 22
Däumling 3, 4
dazu 3, 28
dazwischen 6, 21; 8, 26
dazwischen kommen 2, 25
debattieren 13, 30
Debatte 12, 14; 13, 30; 16, 67
Deckbett 17, 9
Decke 2, 20
Deckung 9, 75; 18,18
defekt 3, 46
Defekt 9, 65
defensiv 16, 77
Defensive 16, 77
definieren 13, 44
Definition 13, 44
definitiv 4, 6; 9, 6
Defizit 18, 15
Degeneration 9, 61
Dehnbarkeit 5, 46
dehnen 5, 45
Deich 6, 16; 9, 73
Dekade 3, 39
Deklination 13, 31
Dekoration 15, 7
Dekret 19, 19
delikat 10, 8
Delikatesse 10, 8
Demagog 16, 96; 16, 116
Demission 16, 105
demnach 12, 16; 13, 46
Demokratie 16, 19; 16, 97
Demut 11, 48; 16, 114; 16, 115
demütig 11, 48; 16, 20
demütigen 11, 14
Denkart 12, 3
denkbar 4, 2
denken 12, 2; 12, 3; 12, 22; 12, 24; 12, 39
denken (laut denken) 13, 27
Denken 11, 2
Denkmal 7, 48; 12, 39; 14, 9; 15, 9; 16, 46; 16, 85
Denkspruch 13, 20
Denkweise 12, 3; 12, 22
Denkzettel 12, 39; 16, 78
Denkzettel (D. geben) 16, 33
denn 4, 31; 12, 15
dennoch 12, 48; 13, 48
Dentist 16, 60
Denunziant 13, 5
denunzieren 13,5; 19, 12; 19, 27
Depesche 13, 2
deplaziert 9, 51
deprimiert 11, 32
derb 3, 10; 9, 27; 11, 14; 13, 33; 13, 49; 16, 53
dereinst 1, 23
derselbe 4, 15; 4, 16
Deserteur 16, 74
desertieren 9, 9
deshalb 4, 31; 9, 12; 9, 14; 12, 16
desinfizieren 9,57; 9, 66
Despot 16, 108
despotisch 16, 108
destillieren 5, 60; 6, 22
deswegen 9, 14
Detektiv 12, 53
deuten 12, 7; 12, 31; 13, 26
deutlich 5, 1; 13, 3; 13, 13; 13, 17; 13, 33
deutlich (d. werden) 16, 53
deutsch (d. reden) 13, 33; 16, 33; 16, 53
Deutsch (auf gut D.) 13, 49
Deutung 13, 17
devot 11, 48
Dezennium 3, 39
Diadem 16, 100
Diät 11, 12
Diamant 5, 44
dicht 2, 58; 3, 33; 5, 43; 13, 39; 13, 41
dicht bei dicht 3, 9
dichten 12, 21; 14, 2
Dichter 11, 7; 14, 2; 14, 11
Dichtung 12, 4; 13, 51
dick 3, 10
dick (dick tun) 11, 44; 11, 45
dick (durch dick und dünn gehen) 9,6; 9,40
Dickbauch 3, 10
dicke (dicke tun) 16, 89
Dickkopf 9, 8; 10, 3
dicklich 5, 51
dicktun 16, 89
Dieb 18, 9
dienen 9, 18; 9, 22; 9, 48; 9, 69; 16, 111; 16, 112; 16, 113; 16, 114
dienen als 4, 8
Diener 9, 70; 16, 30; 16, 112; 16, 113
dienlich 9, 46; 9, 47; 9, 48; 9, 56; 9, 70; 9, 82;
Dienst 9, 18; 9, 22; 9, 38; 9, 40
Dienstbote 16, 112
diensteifrig 16, 114
Dienstleistung 9, 82; 9, 84
Dienstmann 16, 112
diensttauglich 4, 35
dienstunfähig 4, 37; 9, 53; 9,85
Dietrich 17, 15
Diktator 16, 98
Diktatur 16, 19
diktieren 16, 97; 16, 106; 16, 108
Dilemma 9,55
Dilettantismus 12, 37
Dill 7, 2
Ding 4, 1
Ding an sich 4, 10
Ding (ein Ding drehen) 19, 8
dingfest (dingfest machen) 16, 117

Diogenes 11, 12
Diplom 16, 86
Diplomat 13, 8; 16, 60; 16, 103; 19, 14
Diplomatie 12, 53; 16, 49
diplomatisch 9, 25; 9, 52; 11, 40; 12, 53; 13, 51; 16, 32; 16, 38
direkt 9, 79
Direktor(in) 16, 96
Dirigent 12, 33; 15, 13
Dirne 16, 60; 19, 10
dirnenhaft 16, 44
diskret 13, 4
Diskussion 12, 14
diskutieren 12, 8; 12, 14; 13, 9
dispensiert 19, 25
disponieren 2, 37
disponiert 9, 4
Disposition 11, 3
Disputation 14, 10
disputieren 16, 70
Dissertation 14, 10
Dissident 20, 3
Dissonanz 4, 23; 15, 17
Distanz 2, 8; 2, 10
Distrikt 6, 15
Disziplin 2, 37; 9, 26; 12, 32; 12, 33
Disziplinarverfahren 19, 32
Diva 14, 3; 16, 85
Dividende 18, 26; 18, 30
dividieren 3, 42
doch 4, 23; 12, 48; 13, 48
Dodeka- 3, 39
Dogma 12, 17; 12, 22; 13, 28; 20, 1
Doktor 12, 32
Dokument 14, 9; 19, 16
Dolmetsch(er) 13, 53
Don Juan 16, 44
Donner 5, 26; 6, 10
donnern 5, 26; 5, 30; 6, 10
Donnerwetter 4, 36; 11, 5; 11, 30; 11, 31
doof 12, 56
Doppelgänger 4, 16; 4, 17
Doppelkinn 3, 10
doppelsinnig 4, 7
doppelt 3, 37
doppeltes (doppeltes Spiel) 19, 8
doppelzüngig 16, 32
Dorf, 16, 2
Dorn 2, 55; 11, 14; 17, 15
Dorn (Dorn im Auge) 11, 62
dörren 5, 39; 5, 58
Dose 17, 7
dösen 12, 13
Dosis 3, 42
Dozent 12, 32; 12, 33
Drache 11, 30
Drachenwurz 7, 2
Draht 3, 11; 13, 2
drall 3, 10
dramatisieren 14, 3
Drang 9, 1; 9, 2; 9, 12; 11, 36; 16, 107
drängen 1, 16; 9, 1; 9, 12; 9, 37; 9, 39; 16, 20
drängen (dr. um) 9, 81
Drangsal 3, 25
drastisch 13, 33
Draufgänger 11, 38; 11, 39
draufgehen 18, 15
draußen 2, 18
drechseln 2, 50
Drechsler 15, 9; 16, 60
Dreck 9, 67; 12, 56
dreckig 9, 67; 11, 28
drehen 8, 32
drei 3, 38
Dreieinigkeit 20, 7
dreist 11, 38; 11, 39; 11,45; 16,53; 16,90
dreschen 16, 78
dressieren 9, 31; 12, 33
drin 2, 25
dringend 9, 44; 9, 81
drinnen 2, 19
Drittel 3, 45
drittens 3, 38
Drogist 16, 60
drohen 9, 74 13, 10; 13, 11; 16, 68
dröhnen 5, 26; 5, 30
Drohung 16, 68
drollig 11, 23
Droschke 8, 4
drosseln 3, 5
Druck 5, 41; 11, 14; 13, 1; 14, 6; 14, 11; 16, 95; 16, 107
drucken 13, 1; 14, 6; 15, 5
drücken 3, 5; 5, 41; 10, 1
drückend 9, 55
Drücker 17, 15
Druckfehler 15, 2
Drum und Dran, das 2, 24
Dschungel 7, 5
du 16, 3
Duell 16, 69; 16, 70
Duett 3, 37
Duft 5, 63
duften 5, 62; 5, 63
duftig 5, 60; 5, 63
dulden 11, 8; 16, 109
Dulder 11, 13
Duldsamkeit 11, 52
dumm 9, 53; 11, 26; 12, 13; 12, 25; 12, 56; 16, 94
dumm (dumm kommen) 16, 53
Dummheit 9, 53; 12, 19; 12, 34
Dummkopf 9, 53; 12, 37; 12, 56
dumpf 5, 27
Dung 7, 5
düngen 7, 5
dunkel 5, 7; 5, 14; 13, 4; 13, 35; 16, 93
Dünkel 11, 45; 16, 90
dünkelhaft 11, 45
Dunkelkammer 10, 16
Dunkelmänner 16, 93
dünken 12, 24
dünn 3, 11; 3, 24; 3, 25; 5, 48; 9, 45
Dunst 5, 59; 5, 60; 5, 62
Dunst (blauer D.) 16, 89
Dunst (blauen D. vormachen) 12, 25; 13, 51
dünsten 5, 39
Duplikat 3, 37; 4, 18
durch 1, 7; 2, 15; 9, 69
durch 8, 25
durch (durch und d.) 3, 41
durchaus 4, 14
durchbrennen 8, 18; 16, 118; 18, 19
durchdringend 10, 15
durcheinander 2, 38; 6, 21
durchfallen 4, 3; 9, 78
durchführen 9, 21; 9, 35; 9, 77; 16, 26
Durchgang 8, 25
durchgreifen 9, 6
durchhecheln 16, 33
durchkommen 9, 75
durchkreuzen 9, 72
durchmachen 11, 12
durchschauen 12, 20; 12, 31; 12, 32
durchschlagend 13, 46
Durchschnitt 9, 45; 9, 59
durchsetzen 9, 3; 9, 8; 9, 35
durchsichtig 5, 8
durchsickern 8, 24
dürfen 16, 25
dürftig 3, 25
dürr 3, 11; 5, 58
Dürre 3, 9
Durst 11, 36
Durst (den D. löschen) 10, 14
dürsten 3, 25; 11, 36
durstig 10, 13
Dussel 12, 56
duster 13, 35
düster 5, 6; 5, 7; 11, 13; 11, 32; 11, 33; 16, 53
Dutzend 3, 39
Dynamik 4, 35; 8, 9; 15, 10
Dynamit 17, 12
Dynamo 17, 16
Dynastie 16, 97

E

Ebbe 3, 5; 5, 58
eben 1, 16; 2, 51; 2, 52
eben- (maß) 3, 27
Ebenbild 4, 16; 4, 17
ebenbürtig 4, 17
Ebene 6, 13; 6, 16
Ebene (schiefe Ebene geraten) 9, 61; 19, 10
Ebenholz 7, 2
ebenso 4, 16
ebensoviel 3, 27
Eberesche 7, 2
ebnen 2, 12; 2, 40; 2, 52
Echo 5, 25
echt 6, 22; 9, 56; 11, 46; 12, 26; 13, 46; 19, 3
Echte Hirse 7, 2
Ecke 2, 43
Eckensteher 16, 94
eckig 2, 43; 2, 55
edel 9, 56; 11, 52; 16, 85; 19, 2; 19, 3
Edelmann 16, 91
Edelstein 9, 64
Edelweiß 7, 2
Edikt 19, 19
egal 3, 27
eggen 7, 5
Egoist 9, 47; 18, 7; 18, 11
egoistisch 9, 47; 11, 63; 19, 7
Ehe 16, 11
Ehebruch 16, 14
Ehelosigkeit 16, 12; 16, 52
ehern 5, 44
Ehescheidung 16, 15
ehrbar 16, 50; 19, 4
Ehre 9, 77; 16, 30; 16, 31; 16, 85; 16, 86
Ehre (auf Ehre) 13, 50; 16, 23
Ehre (Ehre abschneiden) 16, 35; 93
ehren 16, 85; 16, 87
Ehrenbürger 16, 86
ehrenhaft 16, 26; 19, 1; 19, 3
Ehrenmal 7, 48
Ehrenpforte 16, 87
Ehrenpreis 7, 2
Ehrenrührigkeit 16, 35
Ehrenschuld 16, 23; 16, 113
Ehrentag 16, 39
Ehrenwort 13, 50; 16, 23
Ehrenzeichen 16, 86
ehrerbietig 11, 48; 16, 30
Ehrfurcht 16, 85
Ehrgefühl 16, 85
Ehrgeiz 9, 12; 9, 38
ehrgeizig 11, 45
ehrlich 11, 46; 13, 49; 19, 1
ehrlos 16, 36; 19, 10
ehrsam 16, 85; 16, 92
Ehrsucht 11, 36
ehrwürdig 1, 27
Eibe 7, 2
Eiche 4, 35
Eid 13, 28; 13, 50; 16, 23; 19, 27
Eidechsen 7, 9
Eifer 11, 58; 12, 3
Eiferer 9, 8
eifersüchtig 11, 56
eifrig 9, 8; 9, 38; 9, 39; 12, 3; 12, 35
eigen 4, 14; 18, 1
Eigenart 4, 20; 11, 2; 13, 38; 15, 3; 16, 18
eigenartig 4, 20
Eigenbrötler 4, 20; 16, 52
Eigenlob 11, 45; 16, 89
eigenmächtig 19, 20; 19, 23
Eigenschaft 4, 9; 11, 2
Eigensinn 11, 58
eigensinnig 9, 8; 16, 53; 16, 116
eigentlich 4, 10; 12, 26
eigentümlich 4, 9; 4, 20
eignen 4, 9
eignen (sich eignen) 9, 48
Eignung 9, 48; 9, 52
Eiland 6, 17
Eilboten 9, 39
Eile 8, 1; 9, 39
eilen 8, 7; 9, 38; 9, 39; 16, 6
eilen, enteilen 1, 8
eilfertig 9, 39
eilig 8, 7; 9, 39
ein- 3, 36
einander 9, 71
einbilden 12, 27; 12, 28
einbilden (sich einb.) 12, 22; 12, 24
einbilden (sich etwas einb.) 11, 44; 11, 45
Einbildung 12, 28; 12, 29
Einblick (Einblick gewinnen) 12, 32
Einbrecher 18, 9
einbüßen 18, 15
Einbuße 9, 50
eindringen 8, 23
Eindringling 2, 25
Eindruck 12, 4; 12, 32; 13, 1
Eindrck (Eindruck machen) 11, 17; 12, 3
eindrucksvoll 11, 4
einengen 3, 5; 3, 9; 3, 11
einerlei 4, 15; 9, 45
Einerlei 4, 16
Einerlei (das ewige Einerlei) 11, 26
einfach 6, 22; 9, 54; 11, 46; 11, 47; 13, 30; 13, 40; 13, 49; 15, 3; 16, 94
Einfall 9, 10; 12, 2
einfallen 12, 24; 12, 39
Einfalt 11, 46; 12, 25; 12, 56; 13, 49
einfältig 12, 25; 12, 56
einfassen 2, 23
Einfluß 9, 44; 16, 85; 16, 95; 16, 97
Einfluß (E. haben) 16, 95
einförmig 11, 26
einfügen 8, 26
einführen 8, 23; 9, 26; 9, 31; 12, 33; 16, 64; 16, 87
Eingabe 16, 20
Eingang 8, 23
eingebildet 11, 44; 12, 27; 12, 28; 16, 53
Eingeborener 16, 4
Eingebung 12, 2
eingedenk 12, 39
eingehen 3, 5
eingreifen 9, 37; 9, 73; 16, 49
Eingriff 19, 23
Eingeweide 2, 19; 7, 16
eingezogen 16, 74
einheitlich 4, 16; 6, 22
einhellig 3, 41; 9, 68; 16, 40
einholen 8, 16
Einhorn 11, 30
einig 9, 68; 16, 17
einige 3, 17
einigen 16, 40
einigen (sich e.) 19, 17
einigermaßen 3, 52; 9, 59
Einigkeit 16, 40
Einkauf 3, 29
Einkehr 19, 5
einklemmen 2, 25; 3, 9
einkommen 18, 5
Einkommen 18, 5; 18, 26
einladen 16, 22; 16, 64
Einladung 16, 64
Einlage 2, 25
einlagern 2, 3
einlassen 8, 23
einlaufen 3, 5
einleiten 1, 11; 9, 29
einlenken 16, 83
einleuchten 12, 22; 12, 47; 13, 33
einmachen 4, 43
Einmarsch 16, 76
einmütig 9, 68
Einnahme 18, 5; 18, 26
einnehmen 16, 84; 18, 5
Einöde 16, 52
einpacken 2, 20
einprägen 12, 39

einquartieren 16, 1
einrammen 3 ,14
einräumen 16, 25
Einrede 9, 5
einreihen 2, 35; 2,37
einrichten 9, 21; 9, 26; 9, 29
Eins 3, 36
einsam 3, 34; 3, 36; 16, 52
einschlafen 9, 36; 11, 26
einschläfern 9, 36
einschließen 2, 24; 2, 58
einschließlich 3, 28; 3, 48
Einschluß 3, 48
einschmeicheln 16, 115
einschnappen 11, 31
Einschnitt 2, 10; 2, 49; 3, 34
Einschränkung 13, 48; 19, 15
Einschreiben 14, 8
einschreiten 19, 29
Einschub 2, 25
einschüchtern 11, 42; 16, 90
Einschüchterung 16, 68
einsegnen 20, 16
Einsegnung 20, 15
einsehen 13, 33
einseitig 12, 55; 19, 21
Einsicht 12, 2; 12, 32; 12, 52
einsichtig 12, 52
einsichtsvoll 16, 109
Einsiedler 16, 52
einsilbig 13, 4; 13, 23
einsparen 18, 10
einsperren 16, 117; 19, 33
Einspritzung 7, 44
Einspruch 9, 5; 13, 29; 13, 47; 16, 27; 16, 28; 16, 33; 16, 49; 16, 65
einst 1, 21
Einstellung 11, 2
einstimmig 9, 68; 12, 47; 16, 40
Einsturz 8, 30
Eintänzer 16, 60
einteilen 3, 34; 3, 42; 18, 2
eintönig 13, 42
Eintracht 12, 47; 16, 40; 16, 48; 16, 64
einträchtig 16, 40; 16, 41
eintragen 14, 9
einträglich 9, 47; 18, 5
eintränken 16, 80
eintreffen 8, 19; 12, 26; 12, 44
eintreiben 18, 26
eintrichtern 12, 33
Einvernehmen (gutes E.) 16, 40; 41
einverstanden 12, 47; 16, 40
Einwand 9, 17; 12, 48
einwandfrei 9, 64
einwenden 9, 5; 12, 48
einwilligen 16, 24; 16, 25
Einwohner 16, 4
Einzahl 3, 36
einzeln 3, 34; 8, 22
einzig 3, 50
Einzug 8, 20
Eis 5, 40; 7, 27
Eisen 5, 44; 16, 117
Eisenbahn 8, 4
Eisenhut 7, 2
eisern 4, 35; 5, 44; 16, 108
eisig 5, 40
eitel 11, 45
Ekel 9, 5; 11, 26; 11, 62
ekelhaft 10, 9; 11,14; 11, 28; 11, 59; 11, 62; 16, 44
Ekstase 11, 5; 11, 9; 12, 28
elastisch 5, 45; 5, 50; 8, 10
Elastizität 8, 10
Elefantenküken 3, 10
elegant 16, 61
Eleganz 11, 17; 11,18
elegisch 11, 13
Elementarbuch 9, 25
Elend 3, 25; 4, 47; 11, 13; 11, 14; 18, 4
elend 3, 25; 4, 47; 7, 41; 9, 45; 9, 60; 11, 13
elendiglich 4, 47
Elfe 20, 5
Ellenbogen 7, 16
Ellipse 2, 47; 3, 7
Elster 13, 22
Elysium 11, 9
Emanzipation 16,119
emanzipiert 16, 12
Embryo 9, 27; 9, 29
eminent 3, 50
Emmer 7, 2
Empfang 8, 23; 16, 38
empfangen 16, 38; 16, 64; 16, 87
empfehlen 9, 12; 13, 9; 16, 31
empfehlenswert 13, 9; 16, 31
Empfehlungsbrief 16, 64
empfinden 10, 1; 11, 4
empfindlich 11, 4; 11, 7; 11, 31; 11, 58; 16, 53
empfindsam 11, 4; 11, 7
Empfindung 11, 4; 12, 32
empirisch 12, 9
empor 8, 24
empor- 8, 28
Empore 8, 28
empören 4, 36; 11, 31; 16, 65
empörend 11, 14
emporkommen 9, 77
emportauchen 5, 42
emsig 9, 38
Enzyklika 13, 6; 19, 19
Ende 1, 4; 9, 33; 9, 35
Ende (das dicke E.) 11, 14
enden 9, 33; 9, 35
Endes (letzten E.) 4, 10
endgültig 13, 28; 16, 106
endigen 9, 33
Endivie 7, 2
endlich 1, 36; 9, 33; 9, 35
endlos 3, 6; 3, 20; 3, 40
Energie 9, 6; 9, 37; 9, 38
energielos 9, 24
energisch 4, 35; 9, 6; 9, 37; 16, 108
eng 3, 11; 12, 56
engagieren 9, 84
Enge (in die E. treiben) 13, 47; 16, 76
Engel 4, 38; 11, 17; 11, 53; 16, 109; 20, 6
engherzig 12, 55
enorm 3, 2; 3, 50
ent- 2, 4; 8, 24
entarten 9, 61
entbehren 3, 25
entbinden 7, 21; 16, 25; 16, 118
entdämmern 1, 19
entdecken 10, 15; 12, 20; 13, 26
Entdecker 12, 20
Entdeckung 12, 20
Ente 13, 51
entehren 16, 35; 16, 93
entehrend 16, 34
enteignen 18, 6
Entente 16, 17
entfallen 12, 40
entfernen 8, 18
entfernt 2, 8
entfliehen 16, 118
(ent)fliehen 8, 18
Entfremdung 11, 62
entgegen 9, 72; 13, 47
entgegengesetzt 2, 32; 4, 23; 9, 72; 13, 47
entgegenhandeln 19, 25
Entgegenkommen 9, 4; 16, 114
entgegenkommen (auf halbem Wege entg.) 19, 17
entgegenwirken 9, 72
entgegnen 13, 47
Entgegnung 19, 13
entgehen 12, 13
entgleisen 8, 12; 19, 10
Entgleisung 12, 28
enthalten 3, 48
enthaltsam 11, 12
Enthaltung 9, 32
enthaupten 7, 46; 19, 32
entheiligen 20, 4

enthüllen 13, 3; 13, 5
Enthusiasmus 11,5; 11, 9
enthusiastisch 11, 5
entkleiden 2, 22
entkommen 9, 75
entkräften 4, 37; 9, 73
Entkräftung 9, 17
entlang 2, 14; 2, 29
entlassen 3, 34; 3, 39; 8, 18; 9, 85; 16, 105; 16, 118; 19, 30
Entlassung 3, 49; 9, 85
entlasten 9, 54; 19, 13
entlastet 19, 25
entlegen 2, 8
entlohnen 18, 26
entmannen 7, 7
entmutigen 11, 32
entrüsten 4, 36
entsagen 4, 37; 9, 9; 9, 20; 9, 32; 9, 50; 9, 85; 16, 104
Entschädigung 16, 46; 19, 26
entscheiden 9, 6; 9, 11; 12, 11; 12, 49; 16, 106
entscheidend 9, 44
entschieden 4, 6
Entschlossenheit 9, 8
entschlossen 9, 6; 11, 38
entschlossen (e. sein) 9, 14
Entschluß 9, 2
Entschuldigung 16, 82; 19, 26
entschwinden 5, 3
Entsetzen 11, 42; 11, 59
entsetzlich 11, 14; 11, 42
entsetzt 11, 30; 11, 42
entsprechen 3, 27; 4, 17
entsprechend 12, 10
entstehen 4, 26; 9, 29
entstellen 13, 51; 15, 2
Entstellung 11, 28; 13, 45
enttäuschen 12, 46
enttäuscht 11, 27; 11, 32
Enttäuschung 9, 20; 9, 78; 11, 41; 12,46
entweder — oder 9, 3; 9, 6; 9, 11
entweihen 9, 67; 9, 86
entwenden 18, 9
entwerfen 9, 14; 9, 15; 15, 1; 15, 4
entwerten 9, 63
Entwertung 9, 61
entwickeln 9, 57
Entwicklung 3, 3; 4, 26
entwischen 8, 18; 16, 118
Entwurf 9, 15; 9, 26; 9, 27; 12, 42
entziehen (Wort e.) 13, 23
entzücken 11, 10; 11, 53
entzückend 11, 17
entzückt 11, 5; 11, 9; 11, 53
entzwei 3, 34; 4, 42
entzwei (e. sein) 9, 63
entzweien 16, 67
Enzian 7, 2
Enzyklopädie 12, 8
eo ipso 4, 15
Epigonentum 15, 3
Epikureismus 11, 11
Episode 4, 44
Epoche 1, 1
er 16, 3
Erbarmen 16, 109
erbärmlich 11, 14
erbarmungslos 16, 81
Erbauer 4, 39
Erbe 1, 12
erblassen 5, 13
erbleichen 11, 42
erblich 7, 41
erblinden 10, 18
erbost 11, 31
Erbrechen 7, 35
Erdbeben 4, 27; 8, 33; 8, 34
Erdbeere 7, 2
Erde 6, 3; 6, 13; 6, 16
Erdenbürger 7, 13
erdichten 12, 28
Erdkunde 6, 11
erdreisten 16, 90
-erei 17, 15
-erei (Ort einer Tätigkeit z. B. Bäckerei) 9, 23
ereifern 11, 5; 11, 31
ereignen (sich e.) 4, 44
Ereignis 4, 44
ererbt 11, 2
erfahren 4, 44; 9, 52; 12, 32; 12, 52
Erfahrung 9, 31
erfassen 12, 31; 12, 32; 13, 33
erfinden 9, 15; 12, 21; 12, 28; 13, 51
Erfinder 4, 39
Erfindung 12, 20; 12, 28; 16, 72
Erfolg 4, 34; 4, 46; 9, 77; 12, 20; 16,31
erfolglos 9, 49
erfolgreich 9, 77
erforderlich 9, 44; 9, 81; 19, 24
erforschen 9, 28; 12, 8; 12, 20; 13, 3
erfrischen 11, 34
Erfrischung 9, 58
erfreuen 11, 10
erfüllen 9, 35
erfunden 13, 51
ergänzen 3, 41; 9, 57; 9, 70
Ergänzung 3, 28
ergaunern 16, 72; 18, 8
ergeben 11, 53; 12, 14; 12, 16
ergeben (sich e.) 16, 83
Ergebnis 3, 32; 4, 34; 12, 14
ergiebig 7, 6
ergreifen 11, 4
ergreifend 11, 17
ergründen 12, 9; 12, 20; 13, 3
erhaben 13, 41
Erhabenheit 11, 44
erhalten 1, 7; 4, 43
erheben (sich e.) 3, 12; 16, 85; 16, 87
erheucheln 13, 51
erhöhen 3, 51
erhören 16, 25
erholen (sich e.) 7, 40
Erholung 7, 40; 9, 36; 9, 58
erinnern 12, 39
Erinnerung 12, 39
Erinnerungsmale 7, 48
erkalten 5, 40
erkältet 7, 41
erkennen 10, 15; 12, 11; 12, 32
erkenntlich 11, 54; 16, 46
Erkenntnisvermögen 12, 2; 12, 11
Erker(fenster) 2, 48
erklären 12, 31; 12, 33; 13, 26; 13, 28; 13, 33; 13, 44
erkranken 7, 41
erlangen 18, 5
Erlaß 13, 3; 13, 6; 16, 106; 19, 19
erlauben 4, 2; 16, 24; 16, 25
erläutern 13, 26; 13, 44
Erle 7, 2
erleben 4, 44
erledigen 9, 33; 9, 35
erledigt 4, 47
Erledigung 9, 35
erlegen 7, 12; 18, 26
erleichtern 5, 42; 9, 54
Erleuchtung 12, 2
erlogen 12, 27; 13, 51
erlösen 9, 54; 16, 118
Erlösung 11, 34; 19, 26; 20, 1
ermächtigen 19, 22
Ermächtigung 16, 103
ermahnen 12, 33; 13, 9
ermüden 11, 26
ermuntern 9, 39; 9, 70; 12, 7; 16, 55
Ermunterung 9, 12
ermutigen 9, 12; 9, 37; 11, 35; 11, 38; 13, 9
Ermutigung 13, 9
Ernährer 3, 29
ernennen 2, 3; 16, 103
Ernennung 16, 103
erneuern 4, 40; 9, 58
erniedrigen 9, 63; 11, 48
Erniedrigung 16, 34

ernst 9, 44; 11, 8; 11, 25; 16, 108
Ernst 9, 44; 11, 8
ernstlich 12, 26
Ernte 7, 5
ernten 7, 5; 16, 26
Eroberer 9, 77
erobern 9, 77; 16, 84
eröffnen 13, 2
Eröffnung 9, 29
erörtern 12, 3; 12, 8; 12, 12; 12, 14; 13, 30
Eros 11, 53
erotisch 16, 44
erpicht (erp. sein) 9, 38
erpressen 9, 3; 16, 107
Erpresser 16, 68
Erpressung 16, 107
erprobt 9, 52; 16, 41
erquicken 11, 10
Erquickung 11, 34
erregbar 11, 7
erregen 4, 31
Erregung 11, 5
erröten 11, 47; 11, 49; 16, 93; 19, 11
Ersatz 9, 45; 9, 58; 9, 60; 9, 70; 16, 46; 16, 72; 16, 104; 18, 18
Ersatzmann 4, 29; 16, 103; 16, 104
ersetzen 4, 29; 9, 58
erscheinen 5, 1; 9, 29
erschießen 7, 46
erschöpfen 3, 31; 4, 37
erschöpft 7, 39
erschrecken 11, 42; 12, 45
erschrocken 11, 42
erschüttert 11, 5
Erschütterung 8, 9
erschweren 9, 55; 9, 73
erschwindeln 16, 72; 18, 8
Ersparnis 18, 10
erst 1, 36
erstatten 18, 18
erstaunen 11, 30
erstens 3, 33
erstreben 11, 36
erst recht 9, 8; 9, 14
erübrigen 18, 10
Ertrag 9, 47; 18, 5; 18, 26
ertragen 11, 8
erträglich 3, 23; 9, 59
erwachen 11, 1
erwachsen 4, 34; 7, 23
erwägen 9, 42; 12, 3; 12, 7; 12, 12
erwarten 12, 41; 16, 64
Erwartung 11, 35; 12, 41
erweitern 3, 3
Erwerb 9, 47; 18, 5
erwerbslos 18, 4
erwidern 13, 26
erwischen (sich e. lassen) 9, 53
Erz 5, 44; 15, 9
erzählen 13, 2; 13, 21; 14, 1
erzeugen 4, 39
Erzeugung 4, 39
erziehen 4, 39; 9, 26; 9, 35; 12, 32; 12, 33; 16, 38
Erzieher 12, 33
Erziehung 9, 26; 12, 32; 12, 33
Erziehungsanstalt 12, 36
erzielen 16, 26
erzwingen 16, 107; 16, 108
Esel 12, 56
Eselsbrücke 16, 72
eßbar 7, 26
Esse 5, 37; 5, 61
essen 7, 26
Essig 5, 67
Etappe 16, 74
ete petete 12, 55
Ethik 19, 24
Etikette 13, 1; 16, 61
etliche 3, 17
Etude 15, 11
etwa 2, 9
etwas 4, 1
Etymologie 4, 41; 13, 16
Eule 10, 17; 11, 28
Eunuch 7, 7; 16, 101
evangelisch 20, 19
eventuell 4, 2
Evolution 4, 26
ewig 1, 6; 1, 34
Ewigkeit 3, 40; 20, 7
exakt 13, 39
exaltiert 11, 5; 11, 6; 11, 29
Examen 9, 28; 12, 33; 12, 36
examinieren 13, 25
Exempel 12, 29
Exil 16, 52
existieren 4, 1
exklusive 3, 49
expansiv 3, 3
Expansion 3, 8
expedieren 8, 3
Expedition 16, 6
Experiment 12, 9
experimentieren 9, 28
explodieren 8, 22; 11, 31
Explosion 4, 27; 4, 36; 5, 29; 8, 9
Exponent 3, 35
expressionistisch 15, 3
extra 3, 50
Extrakt 3, 7
Extratour 18, 14
exzentrisch 11, 6

F

Fabel 12, 27; 12, 28; 13, 51
fabelhaft 3, 50; 9, 56; 11, 17; 16, 31
Fabelwesen 4, 20
Fabrik 9, 23
Fach 9, 22; 12, 32
Fachmann 9, 52
Fackel 5, 5
fackeln (nicht lange fackeln) 1, 14
Fackelzug 16, 88
fad 10,9; 11, 26
fade 9, 59
Faden 3, 11; 3, 33; 17, 8
Faden (dünn wie ein Faden) 3, 11
fähig 4, 35; 9, 52; 9,84; 12, 35; 12, 52; 16, 95
Fähigkeit 9, 48
fahl 5, 12; 5, 15
Fahne 13, 1; 15, 7; 16, 86; 17, 10
Fahnenflucht 9, 9; 16, 116
fahnenflüchtig werden 19, 25
Fähre 8, 5
fahren 8, 1; 8, 4; 8, 5; 8, 11; 16, 6; 16, 7
fahrig 2, 38; 9, 43
fahrlässig 12, 13; 16 28; 19, 25
Fährmann 16, 7; 16, 60
Fahrrad 8, 4
Fahrstraße 8, 11
Fahrstuhl 2, 17; 8, 4
Fahrt 16, 6
fair 19, 3
Fall 12, 5; 14, 2
Falle 9, 55; 9, 74; 12, 53; 16, 71; 16, 72; 16, 76
Fälle (auf alle F). 9, 6
fallen 8, 31; 9, 53; 16, 83
fallen (aus den Wolken fallen) 12, 45
fallen (schwer fallen) 9, 40
fallen lassen 9, 20
fällig 12, 44
falls 4, 32
falsch 9, 51; 11, 60; 12, 19; 12, 27; 12, 53; 13, 19; 13, 51; 15, 17; 16, 32; 19, 9
falsch (falsch auslegen) 16, 72
fälschen 9, 63; 13, 45; 13, 51; 16, 72; 19, 8
Falschheit 19, 8

Falschmünzer 18, 21
Falte 2, 43; 2, 45
falten 2, 43; 2, 45
falzen 2, 43; 2, 45
familiär 16, 41
Familie 16, 9
Familienglück 16, 40
fanatisch 4, 36; 9, 8
Fangen 16, 56
fangen 7, 12; 12, 20; 16, 117
fangen (an) 9, 21
Fantast 11, 6
Farbe 5, 11; 15, 4
Farbe (Farbe bekennen) 13, 5; 13, 49
farbenblind 10, 17
farbig 5, 11; 5, 23
farblos 9, 59; 9, 65
Farmer 7, 5
Farne 7, 2
Faselei 12, 13
faseln 12, 57
Faser 3, 44
Fassade 2, 26
fassen 3, 33; 9, 21; 12, 31; 12, 35; 13, 33
fassen (an) 9, 21
Fassung 13, 20
Fassungskraft 9, 52
fassungslos 11, 30
fast 2, 9; 4, 7
fasten 3, 25; 10, 10
faszinieren 11, 5
fatal 4, 47; 9, 55
Fatalismus 9, 14; 12, 42
Fata Morgana 5, 5; 10, 17
Fatum 4, 45
Fatzke 16, 63
fauchen 5, 33; 11, 31
faul 5, 64; 9, 19; 9, 24; 9, 41; 9, 63; 9, 67
Fäule 7, 4
faulenzen 9, 24
Fäulnis 9, 67
Faulpelz 9, 24
Faultier 8, 8
Faun 16, 44
Faust 9, 83
Faust (Faust ballen) 16, 68; 16, 69
Faust (Faust aufs Auge) 9, 51
Faust (auf eigene) 9, 2; 9, 6; 9, 21; 16, 118
Faustrecht 16, 107; 19, 21
faux pas 11, 29
Feder 2, 53; 5, 42; 5, 45; 14, 5; 15, 4
Federn (mit fremden F. schmücken) 16, 72
federn 5, 45
Fee 11, 17; 20, 5
feenhaft 11, 17
fegen 9, 66
Fegefeuer 20, 11
Fehde 16, 66; 16, 70; 16, 73
Fehlbetrag 18, 15
Fehldatierung 1 ,10
fehlen 2, 4; 3, 26; 3, 46; 9, 81; 12, 27; 16, 28
Fehler 3, 46; 9, 65; 12, 28; 19, 10
fehlerhaft 9, 60; 12, 19; 12, 27; 13, 32; 13, 47
fehlerlos 9, 64
Fehlfarbe 11, 28
Fehlschlag 9, 78
Fehltritt 16, 28
Fehltritt (einen F. begehen) 19, 10
Feier 16, 64; 16, 87; 16, 88
Feierabend 9, 36; 9, 85
feierlich 9, 44; 16, 30; 16, 87
feiern 9, 24; 9, 33; 9, 36; 16, 31; 16, 55; 16, 64; 16, 85; 16, 87
Feiertag 16, 59; 20, 16
feige 11, 43
feil 16, 44; 18, 22; 18, 23
Feile 5, 49; 17, 15
feilschen 18,20; 18,28
fein 3, 50; 5, 48; 9, 56; 11, 10; 11, 17; 11, 18; 12, 53; 16, 61
Feind 16, 65; 16, 66; 16, 74
feindlich 16,65; 16, 67
Feindschaft 11, 62; 16, 65; 16, 66; 16, 67; 16, 73
feindselig 11, 60; 11, 62; 16, 66; 16, 67; 16, 81
Feindseligkeit 16, 73
feinfühlig 11, 7
Feingefühl 11, 18; 11, 19
Feinkost 10, 8
Feinschmecker 10, 10; 10, 11; 10, 12; 11, 19
feist 3, 10
Feld 7, 5; 9, 22; 13, 1
Feld (das Feld behaupten) 9, 77
Feld (Feld räumen) 16, 105
Feldherrnstab 16, 100
Feldwebel 16, 74
Feldzeichen 13, 1
Feldzug 16, 73
Fels 1, 7; 5, 44
Fenn 6, 19
Fenster 2, 57
Ferien 1, 15; 9, 36; 12, 36
Ferkel 9, 67
fern 2, 8
ferner 3, 33
fernbleiben 2, 4
Fernrohr 10, 16
fertig 9, 26; 9, 33; 9, 35; 9, 64
fertig (sich fertig machen) 9, 26
fertigmachen 9, 35
fesch 11, 10; 11, 17
Fessel 9, 73; 16, 111; 16, 117
fesseln 9, 73; 11, 53; 12, 7; 16, 111; 16, 117
Fest 11, 21; 16, 55; 16, 59; 16, 64
fest 1, 7; 2, 58; 3, 33; 3, 50; 5, 43; 5, 44; 5, 46; 9, 6; 9, 8; 11, 38; 16, 41; 16, 108
fest wie eine Mauer 9, 6
festbleiben 9, 6; 9, 8
festgefahren 9, 55
Festlichkeit 11, 10; 11, 22; 16, 55
festmachen 3, 33
feststehen 4, 6; 12, 26; 13, 6
feststehend 19, 22
feststellen 4, 6; 12, 26; 13, 28; 13, 46
Festung 9, 76; 16, 77; 17, 14
Festzug 16, 88
Fett 7, 16
fett 3, 10
Fett, Schmuz (alem.) 5, 52
Fetthenne 7, 2
Fettwanst 3, 10
feucht 5, 57
Feuer 5, 36; 11, 38; 13, 41; 16, 76
Feuer fangen 11, 5; 11, 6; 11, 53
Feuer (durchs Feuer gehen für) 9, 70
Feuer (Feuer und Flamme sein) 11, 5
feuergefährlich 5, 36
Feuermohn 7, 2
feuern 16, 76
Feuerung 5, 38
feurig 5, 17; 11, 5; 11, 20
Fiasko 9, 50; 9, 78
Fiber 3, 44
fidel 11, 20; 11, 21
Fieber 7, 41; 11, 5; 12, 28
fieberhaft 9, 39
fiebern 8, 34; 11, 5
Figur 13, 37; 15, 1; 15, 7; 15, 9; 15, 10
Fiktion 12, 29
fiktiv 12, 29
Filiale 18, 25
Film 15, 8
Fimmel 12, 57
finanziell 18, 21
finden 12, 20
findig 9, 52
Finger 7, 16; 9, 83
Finger (Finger verbrennen) 9, 53
Finger (an den Fingern) 1, 29
Finger (auf die F. klopfen) 19, 32
Fingerspitzengefühl 12, 1
finster 5, 7; 5, 14; 11, 32; 11, 33; 13, 4; 13, 35; 16, 53;

Finsternis 5, 3
Firmament 6, 2
Fisch (weder F. noch Fleisch) 9, 59
Fische 7, 9
fischen (im Trüben fischen) 12,53
Fistelstimme 13, 15
fix (fix und fertig) 9, 26
fixe Idee 9, 8
flach 2, 12; 2, 51; 3, 13; 3, 15; 12,55; 12, 56
Fläche 2, 1; 2, 12; 2, 51; 3, 13; 3, 43
Flächenmaße 3, 16
Flachs 7, 2
flagranti (in flagr.) 19, 11
Flamme 5, 4; 5, 36 11, 53
Flanke 2, 29
Flasche 17, 6
flatterhaft 11, 21
flau 9, 41; 10, 9
Flaum 2, 54
Flechten 7, 2; 9, 67
Fleck 9, 67; 11, 28
Flegel 7, 22; 9, 53; 11, 29; 16, 53
Flegeljahre 7, 22
Fleiß 9, 38; 9, 42; 12, 7
fleißig 9, 38; 12, 3; 12, 35
Flicken 9, 58
Flieder 7, 2
Fliege 7, 9
fliegen 5, 42; 8, 1; 8, 6; 8, 7; 8, 28; 16, 7
fliegen (verfliegen) 1, 8
Flieger 16, 7
fließen 5, 55
flimmern 10, 17
flink 8, 7; 9, 39; 11, 20
flirten 16, 64
Flitter 17, 10
Flitterwochen 11, 9
flitzen 8, 7
Flocke 5, 42
Flötentöne (Fl. beibringen) 11,60; 16, 78
flott 8, 7; 9, 38; 11, 10; 11, 17; 11, 21; 16, 44
Flotte 8, 5; 16, 74
fluchen 16, 37
Flucht 8, 18; 9, 20; 16, 118
Flucht (z. B. Zimmerfl.) 2, 35
flüchten 16, 118
flüchtig 4, 25; 5, 3; 5, 42; 5, 48; 5, 60; 8, 1; 9, 9; 9, 43; 12, 13; 12, 27
Flüchtling 11, 43
Flug 16, 7
Flugblatt 13, 6
flügge 7, 23
flugs 8, 7
Flugzeug 8, 6
Flunkern 10, 17
Flur 3, 13; 6, 13; 7, 5; 17, 2
Fluß 5, 55
flüssig 5, 54
flüstern 5, 27; 5, 32; 13, 2; 13, 14; 13,15
Flut 3, 20; 6, 18
fluten 5, 55
flutscht (es flutscht) 9, 54
Föhn 6, 6
Föhre 7, 2
Folge 1, 34; 2, 35; 4, 34
folgen 4, 19; 4, 34; 11, 15; 12, 14
folgenschwer 9, 44
folgerichtig 12, 14
folgern 12, 14; 12, 16; 13, 46
folglich 12, 16; 13, 46
Folterbank 19, 32
foltern 11, 14; 16, 79; 19, 32
Fontäne 5, 55
foppen 12, 25
förderlich 9, 46; 9, 55
fördern 9, 38; 9, 70
fordern 16, 20; 16, 69; 16, 106; 19, 22
Forderung 9, 81; 16, 20; 16, 106; 18, 16
Form 4, 8; 13, 20; 15, 3
Formalität 16, 88
Formel 4, 19
formell 16, 88
formen 2, 37; 4, 8; 15, 1; 15, 4; 15, 9
förmlich 9, 80
formlos 2, 60
forsch 9, 6
forschen 9, 21; 12, 3; 12, 8
Forscher 12, 8; 16, 6
Forst 7, 5
Förster 16, 60; 16, 101
fort 1, 7; 1, 34; 2, 8; 8, 18
fort- 2, 4; 8, 18
Fort 16, 2
fortfahren 1, 18; 9,30
fortissimo 5, 26
fortpflanzen 7, 6
Fortpflanzung 4, 39
fortschreiten 9, 38
Fortschritt 3, 3; 8, 16; 12, 32; 16, 121
fortsetzen 2, 35; 9,30
Fortuna 4, 46
Fracht 3, 19
Frack 17, 9
Frage 12, 5; 12, 8; 13, 37
Frage (eine F. anschneiden) 12, 5
Frage (kommt nicht in Fr.) 4, 3
Frage (offene, schwebende, Fr.) 4, 7
Fragebogen 12, 9
fragen 12, 8; 13, 25
Fragewörter 12, 8
fraglich 4, 7; 12, 8; 12, 14; 12, 23
fraglos 4, 6
Fragment 3, 32; 3,42
frank (frank und frei) 11, 46
frappieren 11, 30
Fraß 10, 9; 11, 11
Fratze 11, 28; 15, 2
Frau 7, 15
Frauenlob 7, 2
Frauenmantel 7, 2
Fräulein 7, 15; 16, 12
frech 11, 11; 11, 38; 11, 39; 16, 44; 16, 53; 16, 90
frei 2, 57; 3, 34; 9, 27; 9, 85; 16, 12; 16, 118; 16, 119; 16, 121; 18, 29
Freibrief 16, 25; 19, 22
Freien (im Fr.) 2, 18
freien 16, 11
freigebig 11, 52; 18, 13; 19, 2
Freigeist 16, 119
freihalten 16, 55
freihändig 9, 27
Freiheit 9, 2; 16,119; 16, 121
freilassen 16, 118
Freimut 11, 46
freimütig 13, 49
freisprechen 16, 47; 16, 118; 19, 13; 19, 25; 19, 27; 19, 30
Freispruch 16, 47; 16, 118; 19, 13
freiwillig 9, 2
fremd 4, 21; 12, 37; 16 52
fremd (fremd gehen) 16 14
fremdartig 9, 32
Fremde 2, 8
Fremder 16, 5
fressen 10, 11; 12, 31; 13, 33
Freude 11, 9; 11, 21; 16, 55
Freudenbecher (den F. ausschlürfen) 11, 11
Freudenmädchen 16, 45
freudig 9, 4
freuen 11, 21; 11, 35; 11, 36
Freund 9, 70; 11, 53; 16, 41; 16, 42
freundlich 9, 70; 11, 10; 11, 52; 16, 38; 16, 40; 16, 41; 16, 109
Freundlichkeit 11, 48; 16, 38
Freundschaft 16, 40; 16, 41; 16, 48
freundschaftlich 16, 40; 16, 41
Frevel 19, 9
Frevler 20, 4
Friede 5, 28; 16, 40; 16, 48
Frieden (F. stiften) 16, 47; 16, 48
friedfertig 4, 38
Friedfertigkeit 16, 47
Friedhof 7, 48
friedlich 16, 40; 16, 47; 16, 48

frieren 10, 5
Frikassee 6, 21
frisch 1, 26; 5, 40; 7, 38; 7, 40; 9, 38; 11, 20; 11, 21
Frist 1, 1; 1, 9; 1, 15
Frisör 16, 60; 17, 10
Frisur 17, 10
frivol 11, 11
froh 11, 9; 11, 10; 11, 21; 16, 55
Fröhlichkeit 11, 9
frohlocken 5, 34; 11, 21; 11, 22
Frohsinn 11, 21; 16, 55
fromm 11, 48; 20, 1; 20, 13
frömmeln 20, 14
Frondienst 16, 111
Front 16, 75
Frosch 11, 8
Frösche 7, 9
Frost 5, 40
frösteln 8, 34; 10, 5
frostig 5, 40; 11, 8
früh 1, 2
früh(zeitig) 1, 35
früher 1, 11; 1, 19
früher oder später 1, 23
Frucht 7, 3
Früchte (die Früchte ernten) 9, 77
fruchtbar 4, 39; 7, 5; 7, 6; 9, 46; 9, 77
Fuchsschwanz 7, 2
fuchtig 11, 31
Fug (mit F. und Recht) 19, 22
Fügung 4, 45; 9, 3
fühlen 10, 1; 10, 2; 11, 4; 12, 1; 16, 85
fühlen (sich fühlen) 11, 44
Fühler 10, 2
fühlen 16, 96
Führer 2, 37; 12, 33; 13, 44; 16, 85; 16, 96; 16, 98
Führung 16, 96
Fuhrwerk 8, 4
Fülle 3, 20; 3, 21; 3, 22; 3, 23
füllen 2, 3; 2, 21; 3, 19; 3, 21; 8, 23
Fundament 2, 16; 9, 44
Fundgrube 3, 18
fünf (fünf gerade sein lassen) 12, 13; 16, 28; 16, 47
Fünfuhrtee 16, 55
Funke 5, 4; 5, 36
funkeln 5, 4
für (Wort für Wort) 4, 18
Furche 2, 44
furchen 2, 49
Furcht 9, 19; 11, 13; 11, 42; 12, 24
furchtbar 3, 50; 11, 14, 11, 28; 11, 42
fürchten (sich fürchten) 11, 42
fürchterlich 11, 42; 11, 62
furchtlos 11, 38
furchtsam 11, 42; 11, 47
Furie 4, 36; 11, 31; 11, 58; 19, 9
fürsorglich 3, 29
Fürsprache 16, 20; 16, 49
Fürsprecher 19, 13
Fürst 16, 91
Furt 5, 55; 8, 11
fürwahr 4, 6
Fusion 3, 33
Fuß 7, 16; 14, 2
Fuß fassen 2, 3
fußen 2, 16
Fußbank (nordd.) 17, 5
Fußgänger 16, 6
Fußnote 13, 44
futsch 4, 42; 18, 15
Futter 2, 21; 3, 18; 3, 29; 7, 26
füttern 7, 26
Futurum 1, 23

G

Gabe 9, 52; 16, 46
Gabelung 8, 12
Gage 18, 26
gähnen 7, 36; 11, 26
Gala 16, 88; 17, 10
Galanterie 16, 38
Galerie 3, 12; 15, 4
Galgen 19, 32
Galle 11, 31; 11, 60
Gallert 5, 51
Galopp 8, 7
Gang 8, 1
-gang 8, 11
gang (gang und gäbe) 9, 31
Gängelband 16, 100; 16, 107; 16, 111
Gans 12, 56
Gänseblume 7, 2
Gänseblümchen 7, 2
Gänsehaut 11, 42
ganz 3, 41
aufs Ganze gehen 9, 8
gänzlich 3, 41
Garage 17, 1
garantieren 19, 16
Garde 16, 74; 16, 101
Gardinen (hinter schwedischen G.) 19, 33
Gardinenpredigt 16, 33
gären 4, 26; 4, 36; 5, 59
Garn 16, 72
garnieren 15, 7
Garnitur 17, 10
garstig 11, 59
Garten 7, 5
Garten-Spargel 7, 2
Gas 5, 5; 5, 60
Gasse 8, 11
Gast 16, 5; 16, 41
gastfreundlich 16, 64
Gasthaus 7, 26
gastlich 18, 13
Gastlichkeit 16, 64
Gaststätte 16, 64
Gastwirt 16, 60
Gatte 16, 11
Gattung 3, 47
Gau 6, 15; 16, 19
Gaudi 16, 55
Gaudi(um) 11, 9; 11, 22
Gaukelei 16, 54
Gaukler 20, 12
Gaumen 5, 65
Gauner 16, 72; 19, 8; 19, 9
Gaunerei 12, 53
Gaunersprache 13, 12
Gazelle 5, 42
geachtet 16, 85
geächtet 16, 52
Gebärde 13, 1
Gebaren 4, 11
gebären 7, 21
Geben 18, 12
Gebet 16, 20; 20, 13
Gebetbuch 20, 19
Gebiet 2, 1; 6, 15
gebieten 16, 106
gebieterisch 16, 97
gebildet 12, 32; 13, 12
gebirgig 3, 12
Gebiß 7, 16
Gebot 12, 17; 12, 22; 16, 106; 19, 24
gebrandmarkt 19, 31
gebrauchen 9, 25; 9, 84
gebräuchlich 9, 31
Gebrechen 4, 37; 7, 41; 9, 65
gebrechlich 4, 37
Gebrüll 5, 30
Gebühren 19, 27
Geburt 9, 29
gebürtig 16, 1
Geburtstag 1, 9; 16, 39; 16, 59
Gebüsch 7, 1
Geck 11, 45; 16, 89
Gedächtnis 12, 39
Gedächtnisschwäche 12, 40
Gedanke 12, 2; 12, 4; 12, 32
Gedanken (G. sammeln) 12, 3; 12, 7
Gedankenfreiheit 16, 119
Gedankengang 12, 3; 12, 14
gedankenlos 9, 27; 12, 13
Gedankensplitter 11, 23

gedeihen 4, 46; 7, 38; 9, 35; 9, 77
Gedenken 12, 39
gedenken 12, 39
Gedenktafel 7, 48
Gedicht 14, 2
gediegen 6, 22; 9, 56
gedrängt 13, 39
gedrückt 11, 32
Geduld 4, 38; 9, 8; 11, 8; 11, 12; 11, 16; 16, 109
geduldig 9, 8; 11, 8; 16, 47
gedunsen 3, 10
geeignet 9, 48; 9, 84
Gefahr 9, 74
Gefährdung 9, 74
gefährlich 19, 9
Gefährte 3, 37; 9, 70
gefallen 11, 10; 11, 17
gefällig 11, 10; 16, 22; 16, 24; 16, 32; 16, 38; 16, 114
Gefälligkeit 16, 38
gefälscht 13, 51
Gefangener 16, 117; 19, 31
Gefängnis 16, 117; 19, 33
Gefasel 12, 19
Gefäß 17, 6
gefaßt 11, 8
gefechtsbereit 16, 73
Geflecht 2, 15
gefragt 18, 23
gefräßig 10, 11
Gefreiter 16, 74
gefrieren 5, 43; 5, 44
gefügig 9, 54; 11, 48
Gefühl 11, 2; 11, 4
gegen 4, 23
gegen- 9, 72; 16, 65; 16, 80
Gegen- 4, 23
Gegenbeweis (G. antreten) 19, 13
Gegensatz 4, 23; 13, 37; 16, 65
gegensätzlich 16, 65
gegenseitig 4, 13; 4, 28; 8, 26; 9, 71
Gegenstand 4, 1; 12, 5
Gegenstück 12, 10
Gegenteil 13, 47
Gegenteil (im G.) 4, 23
gegenüber 2, 32
gegenüberstellen 2, 32
Gegenwart 1, 16; 2, 3
Gegenwirkung 9, 72
Gegner 4, 23; 9, 73; 13, 13; 16, 65; 16, 66; 16, 74
Gehalt 9, 56; 12, 12; 13, 17; 16, 46; 18, 26
gehaltlos 13, 18
gehässig 11, 59; 11, 60; 11, 62; 16, 67
geheim 13, 4
geheimnisvoll 12, 23; 13, 4; 13, 35
geheimhalten 13, 4
gehen 8, 1; 8, 11; 9, 54; 16, 6
Ganze (aufs G. gehen) 9, 8
gehen (über Leichen gehen) 11, 61
Gehilfe 9, 70; 16, 112
Gehirn 7, 16; 12, 2
Gehirn (G. geklaut) 12, 57
Gehör 10, 19
Gehör (G. schenken) 16, 24
gehorchen 16, 83; 16, 111; 16, 114
gehören 18, 1
gehorsam 11, 48; 16, 114
Gehorsam 11, 48; 16, 114; 19, 24
geht 9, 54
Geige 15, 14
Geige (die erste G. spielen) 16, 85; 16, 95
geil 11, 36; 11, 53
Geilheit 11, 11
Geißel 11, 14
Geißelinfusorien 7, 9
geißeln 16, 35; 78
Geist 11, 1; 11, 2; 11, 23; 11, 42; 12, 2; 12, 52; 13, 17; 16, 121; 20, 5
geisterhaft 20, 5
geistesgegenwärtig 11, 8
Geistesverfassung 12, 3
geistig 12, 2
geistreich 11, 24; 12, 52; 16, 55
Geiz 19, 7
Geizdrache, -hals 18, 11
geizen 8, 11
geizig 18, 11
Geknatter 5, 30
gekränkt 16, 54
Gekritzel 14, 5
Gelächter (höhnisches G.) 16, 34
geladen 11, 31
Gelage 11, 11; 16, 55
Gelände 6, 13
gelassen 4, 38; 11, 8
geläufig 9, 31
gelaunt 11, 2
gelaunt (gut gelaunt) 11, 21
gelb 5, 19
Gelbsucht 5, 19
Geld 18, 5; 18, 21
Geldschneiderei 18, 27
Geldschrank 18, 21
Gelee 5, 51; 7, 27
gelegen 9, 48
gelegentlich 1, 29
gelehrig 12, 35
Gelehrsamkeit 12, 32
gelehrt 12, 32; 12, 33; 13, 35
Gelehrter 12, 32; 14, 11; 16, 60
gelingen 9, 77
gellen 5, 26; 13, 11
geloben 13, 50
gelten 4, 1; 18, 21
gelten (etwas g.) 9, 44
Gelübde 13, 50; 16, 23
gelungen 11, 23
Gelüst 9, 1
Gemälde 15, 1; 15, 4
gemäß 4, 31
gemein 9, 45; 11, 11; 11, 14; 11, 28; 11, 29; 16, 44; 16, 53; 16, 93; 16, 94; 16, 115; 19, 10
Gemeinde 6, 15; 16, 2; 16, 16; 16, 17
Gemeiner 16, 94
Gemeinheit 16, 36; 16, 53
gemeinhin 4, 19
Gemeinplatz 12, 26; 13, 18; 13, 42
gemeinsam 3, 33
Gemeinschaft 3, 33; 9, 68; 16, 41
Gemeinsinn 11, 51
gemeinverständlich 13, 33
Gemetzel 4, 42; 7, 46
Gemisch 6, 21
Gemüse 7, 27
Gemüt 11, 2
gemütlich 9, 36; 11, 10; 11, 16; 11, 52; 16, 55
Gemütsbewegung 11, 5
Gemütsruhe 11, 8
genau 4, 18; 9, 42; 12, 26; 12, 55; 13, 17; 13, 33; 16, 26; 16, 108; 18, 11
Gendarm 19, 29
genehmigen 19, 14; 19, 19
Genehmigung 16, 25; 16, 103
geneigt 11, 2; 11, 3
geneigt sein 9, 4
genesen 7, 40; 7, 44
Genesung 9, 58
genial 12, 21; 12, 52
Genick 7, 16
Genie 9, 52; 12, 52; 14, 2
genießen 11, 9
Genießer 10, 11; 11, 11
Genitalien 7, 16
Genosse 16, 4; 16, 41
Genossenschaft 3, 33; 16, 16; 16, 17
genötigt sein 9, 3
Gentleman 19, 1
genug 3, 23; 9, 33
genügen 3, 23
genügsam 18, 10
Genügsamkeit 11, 12
Genugtuung 16, 46; 16, 80; 16, 81; 19, 26
Genuß 11, 9; 16, 55
Genußsucht 11, 11
Geologie 6, 23
Geometrie 12, 12
Gepflogenheit 9, 31
gepökelt 3, 9
Gepräge 4, 8

Gepränge 16, 88
gerade 1, 20; 2, 11
gerade (nun grade) 9, 72
gerade- 2, 11
geradeaus 2, 40
Geradheit 11, 46
gerammelt 3, 21
Gerät 9, 83
-gerät 17, 15
geraten 9, 77
geräuchert 4, 43
Geräusch 5, 24; 5, 26
geräuschlos 5, 28
Gerber 16, 60
gerecht 11, 52; 12, 14; 19, 3; 19, 18
gerecht (in allen Sätteln gerecht sein) 9, 52
Gerechtigkeit 16,119
Gerede 13, 4; 13, 7; 13, 22; 13, 30; 16, 93
Gerede (ins Gerede bringen) 16, 35
Gerede (ins Gerede kommen) 16, 93
Gereiztheit 11, 58
gerieben 12, 53
Gericht 19, 27
Gerichtsvollzieher 19, 29
gering 3, 4; 3, 24; 16, 94
Geringschätzung 12, 51; 16, 36
gerinnen 5, 51
Gerippe 3, 11
gerissen 12, 53
gern 9, 4; 12, 47; 16, 24
gern (gern haben) 11, 53; 16, 41
gern (gern gesehen) 16, 41
Gernegroß 12, 50; 16, 89
Geröll 5, 49; 6, 14
Gerölle 5, 48
Gerste 7, 2
Geruch 5, 62; 10, 6
Gerücht 13, 4; 13, 6; 16, 93
gerührt 11, 5
Gerümpel 9, 49
Gesandter 13, 8; 16, 60; 16, 103
Gesang 15, 12
Gesäß 7, 16
Geschäft 9, 18; 9, 22; 18,20; 18,25; 18,30
geschäftlich 9, 22
Geschäftsführer 16, 103
Geschäftsgeist 18, 7
geschätzt 16, 85
gescheit 9, 52; 12, 52
gescheitert 9, 78
Geschenk 16, 22; 16, 39; 16, 46; 18, 26
Geschichte 4, 1; 14, 1; 14, 9
Geschichtsforscher 14, 1
Geschick 4, 45
geschickt 9, 52
Geschmack 5, 65; 11, 18; 11, 36; 12, 11; 16, 61
Geschmack (G. finden) 11, 36
Geschmacksverirrung 11, 29
Geschmeide 17, 10
geschmeidig 5, 50; 16, 38
geschniegelt 11, 29
Geschöpf 4, 1; 7, 13; 7, 17
geschraubt 11, 29
Geschrei 11, 33; 16, 67
Geschütz 17, 12
Geschützsalve 16, 76
Geschwätz 13, 18; 13, 22
geschwätzig 13, 22
geschwind 8, 7; 9, 39
Geschwister 16, 9
Geschwür 11, 28
gesellig 16, 64
Geselligkeit 16, 64
Gesellschaft 3, 33; 16, 16; 16, 17; 16, 55; 16, 64
Gesellschaft (G. geben) 16, 64
Gesetz 4, 19; 12, 17; 16, 106; 19, 19
Gesetz (das G. übertreten) 19, 23
Gesetz (ungeschriebenes G.) 19, 24
Gesetzgebung 16, 96; 16, 97
gesetzlich 9, 3; 16, 97; 19, 19; 19, 27
Gesetzlosigkeit 19,20
gesetzmäßig 19, 22
gesetzt 7, 24; 11, 8; 11, 25
gesetzwidrig 19, 20
gesichert 9, 75
Gesicht 7, 16; 10, 15
Gesichtsfeld 5, 1
Gesichtspunkt 10, 15
Gesinnung 12, 22
Gesinnung (wahre Gesinnung) 19, 3
Gesinde 16, 112; 16, 113
Gesindel 16, 94
gespannt 12, 41
Gespenst 11, 28; 11, 42; 20, 5
Gespräch 13, 21; 13, 30
gesprächig 13, 2
gesprächsweise 13, 30
Gestade 6, 16
Gestalt 4, 8
gestalten 4, 8; 4, 26; 15, 1; 15, 4; 15, 9
Gestaltung 4, 8
Geständnis 13, 5; 13, 28; 19, 27
Gestank 5, 64; 9, 67
gestatten 13 46; 16, 25
Geste 13, 1
gestehen 19, 5
Gestein 6, 23
gestern 1, 20
gestikulieren 13, 1
Gestirn 6, 2
gestreift 5, 23
Gesuch 9, 12; 16, 20
gesund 7, 38; 9, 56; 12, 18
Gesundheit 7, 38
Getäfel 2, 20
Getümmel 2, 38; 3, 20; 8, 34
getüpfelt 5, 23
Gewächs 7, 1
Gewähr 9, 75; 13, 46
gewahren 10, 15
gewähren 12, 47
Gewalt 4, 35; 9, 3; 16, 95; 16, 97; 16, 107
Gewaltherrschaft 16, 97; 16, 108
gewaltig 3, 2; 16, 97
Gewand (geistliches Gewand) 20, 18
gewandt 9, 38; 9, 39; 9, 52
Gewässer 5, 55
Gewehr 5, 29; 17, 12
Geweih 7, 16
Gewerbe 9, 22
Gewicht 5, 41; 12, 12; 16, 85; 16, 95; 16, 97
Gewinde 2, 46; 2, 47
Gewinn 9, 47; 18, 5
Gewinn bringen 18, 5
gewinnen 9, 47; 9, 77; 16, 84
gewinnend 11, 10
Gewinnsucht 18, 7
gewiß 4, 6; 12, 26; 12, 47; 13, 46
Gewissen 19, 24
gewissenhaft 9, 42; 12, 26; 16, 26; 19, 1; 19, 3
gewissenlos 11, 60; 11, 61
Gewissensbisse 19, 5
Gewissensbiß 19, 11
Gewißheit 20, 1
Gewölbe 17, 2
gewölbt 2, 48
gewöhnen (sich g.) 4, 19
Gewohnheit 4, 19; 9, 25; 9, 31; 9, 62
Gewohnheitsrecht 19, 22
gewöhnlich 4, 19; 9, 31; 9, 45; 9, 59; 11, 28; 11, 29; 12, 44
Gewühl 3, 20
Gewürz 7, 28
geziemend 19, 24
geziert 11, 29
Giebel 2, 33; 3, 12
Gier 10, 11
gierig 10, 11; 11, 36; 18, 7
gießen 5, 55; 15, 9
Gift 7, 43; 11, 31; 11, 60
giftig 7, 43; 9, 63; 11, 31
Gigant 3, 2
gilt (es gilt) 9, 44
Gimpel 12, 25

Ginster 7, 2
Gipfel 2, 33; 2, 48; 3, 12
gipfeln 2, 33
Gips 3, 33
Gischt 5, 59
Gitter 2, 58; 9, 73
Glanz 5, 4; 9, 64; 16, 88
glänzen 5, 4; 11, 17; 15, 7; 16, 85; 16, 88; 17, 10
glänzend 11, 17; 16, 85
Glas 5, 8; 10, 16
Glaser 16, 60
glatt 2, 51; 2, 52; 2, 59; 5, 52; (9, 54); 11, 17; 11, 29; 13, 28; 16, 32; 16, 38
glatt (glatte Bahn) 9, 54
Glatteis 9, 74
Glatteis (aufs Gl. führen) 9,74
glätten 2, 51; 2, 52; 2, 59
Glatze 7, 41
Glaube 12, 24
Glauben 12, 22
glauben 12, 22; 12, 24; 20, 1
glauben (glauben machen) 12, 22
gläubig 20, 1
Gläubiger 18, 16
gleich 1, 14; 1, 24; 4, 16
gleich (gl. machen) 2, 12
Gleichartigkeit 4, 19
gleichen 4, 16
gleichfalls 3, 28
Gleichgewicht (inneres Gl.) 11, 8
Gleichgewicht (seelisches Gl.) 11, 16
gleichgiltig 11, 37
gleichgültig 9, 5; 9, 19; 9, 24; 9, 45; 9, 59; 9, 65; 11, 8; 11, 37; 12, 13
gleichlaufend 2, 14
Gleichmaß 1, 33
gleichnamig 13, 16
Gleichnis 12, 10; 13, 34; 13, 36
gleichsam 4, 17
gleichwertig 3, 27; 4, 29
gleichzeitig 1, 13
gleiten 2, 52; 9, 54
Gletscher 5, 40
Glied 7, 16; 9, 83
gliedern 2, 37
glimmen 5, 36
glitschig 2, 52
glitzern 5, 4
Globetrotter 16, 6
Globus 6, 3; 6, 13
Glocke 15, 14
Glosse 3, 28
Glück 4, 46; 9, 47; 9, 77; 11, 9
Glück (auf gut Gl.) 9, 28
Glück (Glück auf) 11, 35
glücken 4, 46
glücklich 4, 46
Glückskind 4, 46
Glücksspiel 9, 16; 9, 28
Glücksspiele 16, 56
Glückwunsch 11, 22; 11, 50; 16, 39
glühen 5, 35; 5, 36; 10, 4; 11, 5
Glut 5, 4; 5, 35; 5, 36; 9, 38; 11, 5; 11, 53; 13, 41
Gnade 11, 50; 11, 53; 16, 20; 16, 47
Gnade (Gnade für Recht) 16, 47
gnädig 16, 109
Gnadenstoß 9, 35
Gold 5, 19; 5, 20; 18, 21
golden 5, 19
Goldgrube 18, 5
Goldlack 7, 2
Goldrute 7, 2
Golf 6, 18
gondeln 8, 1
gönnen 16, 25; 16, 109
Gönner 9, 70; 11, 53
Gönnerschaft 16, 95
Gotik 15, 3
Gott 11, 36; 20, 7; 20, 13
Gott (bei Gott) 13,50
Götterdämmerung 1, 25
Gottesdienst 20, 16
Gotteshaus 20, 20
Gottesurteil 12, 9
göttlich 11, 10
gottlos 20, 3; 20, 4
Götze 11, 36
Götzendienst 20, 2; 20, 16
Grab 7, 48
Graben 2, 44; 2, 49; 5, 56; 9, 73; 16,77; 17, 14
graben 2, 49
Grabmal 7, 48; 13, 1
Grad 16, 85
Gram 11, 32
gram (gram sein) 16, 66
grämen 11, 32
Grammatik 12, 33; 13, 12; 13, 31
Grammophon 15, 14
Granatapfel 7, 2
Granit 5, 44
Graphik 15, 4
graphisch 15, 4
Gras (Gras wachsen lassen über) 12, 40
Gräser 7, 2
gräßlich 3, 50; 11, 28
Gräte 2, 55
Gratewohl (aufs Gr.) 9, 16
gratis (und franko) 18, 29
gratulieren 11, 21; 11, 22; 11, 50; 16, 39
grau 5, 6; 5, 15
Graus 11, 42
grausam 11, 14; 11, 60; 11, 61; 16, 108
Grausen 11, 59
gravieren 15, 5
gravitätisch 11, 25
Grazie 11, 17; 11, 18
graziös 11, 10; 11, 17
greifbar 4, 1; 6, 20
greifen 10, 2
greifen (daneben gr.) 12, 27
Greis 7, 25
grell 5, 11; 5, 26; 5, 31; 13, 52; 15, 2; 15, 17
Grenze 2, 23; 6, 15
grenzen (an) 2, 9
grenzenlos 2, 1
Greuel 11, 62
greulich 11, 28; 11, 42; 11, 62
Griesgram 16, 53
griesgrämig 11, 32
Griff 17, 15
Grille 9, 10
Grimm 11, 60
grinsen 11, 22; 11, 28; 16, 54
grob 2, 53; 3, 10; 11, 28; 11, 29; 13, 49; 16, 34; 16, 53; 16, 90
Grobian 11, 29; 16, 53
gröhlen 5, 31; 15, 17
Groll 11, 31; 16, 66
grollen 16, 66; 16, 67
Groschen 18, 21
Groschen (der Gr. ist gefallen) 12, 31
groß 3, 2; 9, 44; 13, 41; 16, 85
Größe 3, 1; 9, 44; 14, 11; 16, 85
Größenwahn 11, 44; 12, 57
großherzig 19, 2
Großmut 11, 52; 19, 2
großmütig 18, 13
Großmutter 16, 9
großsprecherisch 11, 45
Großstadt 16, 2
großtuerisch 16, 89
großtun 11, 45
Großvater 16, 9
großzügig 12, 54; 16, 109
grotesk 4, 20; 11, 23; 11, 24; 11, 28; 11, 29; 13, 52
Groteske 11, 24
Grube 3, 14
grübeln 11, 32; 12, 3
grün 5, 18
Grund 4, 31; 6, 13; 6, 16; 7, 5; 9, 44; 13, 46
Grund- 2, 16
gründen 4, 31; 9, 26; 9, 29
Grundgedanke 12, 5; 12, 17
Grundlage 2, 16; 9, 15; 9, 26; 9, 44
grundlegend 4, 31; 9, 44

gründlich 9, 42
Grundriß 9, 15; 9, 25; 9, 26; 15, 1
Grundsatz 12, 17
grundsätzlich 12, 17
Grundstück 6, 15
grüne Seite 2, 31
grunzen 5, 33
Gruppe 3, 17; 16, 16
Gruß 13, 24; 16, 30; 16, 38
grüßen 13, 24; 16, 38
Gschaftlhuber 2, 7
gucken 10, 15; 11, 30; 12, 7
Guillotine 19, 32
Gültigkeit 9, 56
Gummi 3, 33; 5, 50
Gummi (elasticum) 5, 45
Gunst 9, 46; 9, 70; 11, 52; 11, 53; 16, 31
günstig 1, 37; 4, 46; 9, 56; 9, 70; 11, 35
Günstlingswirtschaft 19, 21
Gurke 7, 2
Gürtel 2, 24; 3, 33
Gut 17, 1; 18, 21; 18, 24
gut 9, 47; 9, 56; 16, 24
gut (gut dran sein) 18, 3
gut (artig) 11, 52
Gutachten 12, 11; 12, 14; 12, 22; 12, 49; 13, 26
Güte 9, 56; 11, 52; 16, 109
Güter 18, 24
gutheißen 12, 47
gütig 11, 50; 11, 52; 16, 109
gütlich 16, 48
gutmütig 11, 47; 16, 38
Gutmütigkeit 16, 47; 19, 4
Gutschein 13, 1
Gutschrift 19, 22

H

Haar 3, 11; 7, 16
Haar (um ein Haar) 9, 74
Haaren (in den H. liegen) 11, 62; 16, 67
Haaresbreite 2, 9
haarig 2, 53
Haarspalter 16, 33
Haartracht 17, 10
Habe 3, 18
haben 18, 1
haben (es dazu h.) 18, 3
haben (sich haben) 11, 45; 16, 89
Habgier 18, 7
habgierig 19, 7
Habsucht 11, 36
habsüchtig 18, 7
Hacken (nordd.) 7, 16
Hades 20, 11
Hafen 6, 18; 8, 2; 8, 5; 8, 20; 9, 76
Hafer 7, 2
Haff 6, 18
haftbar 19, 24
Haftpflicht 19, 16
Hagebutte 7, 2
Hagedorn 7, 2
hageln 3, 20; 6, 9
hager 3, 11
Hagestolz 16, 12; 16, 52
Hahn 2, 57; 5, 56; 8, 24
Hahnenfuß 7, 2
Hahnrei 16, 14
Haie 7, 9
Hainbuche 7, 2
häkeln 17, 8
halb 3, 45; 9, 34
halb und halb 6, 21
Halbedelstein 17, 10
halbfertig 9, 34
halbieren 3, 45
halblang (mach's h.) 13, 52
Halleluja 20, 10
hallen 5, 26
Halluzination 12, 27; 12, 28
Halm 7, 3
halsstarrig 19, 6
Halsstarrigkeit 9, 8
Halt 8, 2; 11, 35; 13, 10
halt 9, 33
halten 2, 16; 2, 19; 9, 70
halten für 12, 14
haltlos 9, 7; 9, 9; 12, 19
Haltung 4, 11; 9, 25
Halunke 16, 94; 19, 8; 19, 9
Hammelbeine (H. langziehen) 11, 60
Hammer 17, 15
hämmern 15, 9
Hampelmann 16, 110
hamstern 3, 29; 18, 22
Hand 7, 16; 10, 2
Hand (freie H. lassen) 16, 25
Hand (Hand in H.) 9, 70; 16, 17; 16, 40; 16, 41
Hand (Hand in H. gehen) 9, 68
Hand (H. anlegen) 9, 18; 9, 21
Handbuch 12, 8; 12, 32; 12, 33; 14, 12
Handel 18, 20; 18, 23
Händel (H. suchen) 11, 58
Händedruck 16, 38
handeln 4, 28; 9, 18; 9, 22; 9, 25; 9, 38
handeln (sich h. um) 12, 4
Handelskammer 16, 102
Händen (mit vollen H. geben) 18, 13
Händeringen 11, 33
Handgemenge 16, 70
Handgranate 17, 13
Handkuß 16, 30
Handlanger 16, 112
Händler 18, 23
Handlung 9, 18; 18, 25
Handschrift 13, 1; 13, 38; 14, 5; 15, 3
Handstreich 1, 14
Handumdrehen (im H.) 1, 14
Handwerk 9, 22; 18, 20
Handwerk (das H. legen) 9, 73
Handwerker 9, 22
hanebüchen 11, 31
Hanf 7, 2
Hang 2, 13; 9, 1; 11, 36; 11, 53
hängen 2, 17; 19, 32
hängen (den Kopf h. lassen) 16, 93
hängen (die Flügel h. lassen) 11, 41
hänseln 12, 25
Hanswurst 11, 23; 11, 24; 16, 54
hapern 9, 55
Harlekin 11, 23
härmen 11, 32
harmlos 9, 75
Harmonie 15, 10; 15, 16; 16, 40; 16, 41
harmonieren 2, 59; 16, 40
harmonisch 16, 40; 16, 41
harren 1, 23
hart 4, 35; 5, 43; 5, 44; 9, 55; 11, 14; 11, 60; 11, 61; 13, 40; 16, 53; 16, 81; 16, 108
Härte 5, 47
hartnäckig 9, 8; 9, 55; 12, 55
Harz 5, 51; 5, 52; 5, 53
Haschen 16, 56
Haselnuß 7, 2
Haß 11, 31; 11, 59; 11, 62; 16, 36; 16, 66; 16, 67; 16, 81
hassen 11, 59; 11, 62
häßlich 11, 14; 11, 28
Hast 8, 1; 9, 39
hasten 9, 39
hastig 8, 7; 11, 39
hat's (er h. dazu) 18, 3
Hauch 3, 24; 5, 42; 6, 6

hauchen 5, 60
Haudegen 11, 38; 16, 74
hauen 16, 76; 16, 78
Haufen 3, 20; 16, 17
häufig 1, 7; 1, 31
Haupt 2, 33; 9, 44; 16, 96; 16, 98
Hauptmann 16, 74; 16, 96
Hauptperson 16, 85
Hauptsache 4, 10
hauptsächlich 9, 44
Haus 16, 1; 17, 1
Haus (offenes Haus) 16, 64
Hausangestellte 16, 112
hausen 2, 3
Hausfreund 11, 53
Haushalt 16, 4
haushälterisch 18, 10
häuslich 11, 46; 16, 52
Hausmeister 16, 101
Haustier 7, 10
Haustochter 16, 112
Hausziege 7, 9
Haut 7, 16
Hebamme 7, 21; 7, 44; 16, 60
heben 3, 51; 8, 28; 9, 57
Hebewerk 17, 16
Hecht (Hecht im Karpfenteich) 16, 65
Heck 2, 27
Heer 16, 16; 16, 74
heften 14, 11
heftig 4, 36; 9, 37; 9, 39; 11, 5; 11,14; 11, 31; 11, 38; 11, 58; 16, 108
Hehler 13, 4
Heide 9, 49; 16, 52; 20, 3
Heidel-, Blaubeere 7, 2
heikel 9, 55; 9, 74; 11, 58
Heil 16, 30
Heiland 16, 41; 20, 8
heilen 7, 44; 11, 34
Heil Hitler 13, 24; 16, 38
heilig 11, 49; 16, 85; 20, 1
heiligsprechen 20, 1
Heilmittel 7, 44
heilsam 7, 44; 11, 34
Heiltrank 7, 44
Heilzauber 20, 12
Heim 16, 1
Heimat 8, 20; 16, 1; 16, 18
heimatlos 2, 4
Heimkehr 8, 20
heimlich 13, 4
Heimlichkeit 13, 4
Heimsuchung 9, 50; 11, 13
Heimtücke 12, 53
heimtückisch 13, 51; 16, 35; 19, 8; 19, 9
heimwärts 8, 17
heimzahlen 16, 80; 16, 81
heiraten 16, 11
Heiratsantrag 16, 42
heiser 13, 15
heiß (glühend heiß) 5, 35
heißen 13, 16; 16,106
Heißhunger 11, 36
Heißsporn 11, 6; 11, 58
heißt (das heißt) 13, 44
-heit 3, 41
heiter 5, 4; 11, 9; 11, 16; 11, 21; 11, 22
heizen 5, 35; 5, 36
Held 11, 38; 16, 31; 16, 85
heldenhaft 16, 73
Heldentat 11, 38
Heldentod 16, 73
helfen 9, 46; 9, 48; 9, 70; 11, 52
hell 5, 4; 5, 8; 5, 13; 6, 22; 9, 66; 13, 33
helle 12, 52
Hellseher 16, 60; 20, 12
hellsehen 12, 43
Helm 16, 77; 17, 14
Hemd 17, 9
hemmen 2, 36; 4, 38; 8, 8; 9, 55; 9, 73; 16, 29
Hemmschuh 9, 73
Hemmung 9, 17
henken 2, 17
Henker 4, 42; 7, 46
herablassend 11, 45
herabsetzen 3, 5
heran- 8, 19
heranbilden 4, 26
heraus- 8, 24
heraus (heraus bekommen) 12, 20
herausfordern 16, 69
Herausforderung 16, 67; 16, 70
herausrücken 18, 12
herausstreichen 16, 31
herb 5, 67; 10, 9; 11, 32; 11, 33; 15, 3; 16, 53; 16, 108
herbe 5, 68
Herbstzeitlose 7, 2
Herd 5, 37
Herde 3, 17; 3, 20
hereinfallen 9, 50; 9, 53; 16, 72; 19, 31
hereinlegen 16, 72; 18, 8
Herkommen 9, 31
Herkules 4, 35
Herkunft 4, 41
heroisch 11, 38
Herold 12, 42; 13, 8
Herr 16, 38; 16, 86; 16, 98; 16, 119
herrisch 11, 44; 16, 53; 16, 90; 16, 97; 16, 106; 16, 108
herrlich 11, 10; 11, 17; 15, 7; 16, 85
Herrschaft 16, 95; 16, 97
herrschen 16, 95; 16, 97
Herrscher 16, 98
Herrschsucht 11, 44
herrühren 4, 34
herstellen 4, 39
herum 2, 24
herumkriegen 9, 12
herumsprechen (sich herumspr.) 13, 6
herumwursteln 9, 49
heruntergekommen 11, 28
herunterkommen 9, 61
heruntermachen 16, 33
hervor- 8, 24
hervorheben 9, 44
hervorkommen 5, 1
hervorragend 9, 56; 16, 85
hervorrufen 4, 31
Herz 11, 1; 11, 2; 12, 2
Herz (Herz ausschütten) 13, 5
Herz (Herz brechen) 11, 14
Herz (ein Herz und eine Seele sein) 16, 40; 16, 41
Herzeleid 11, 14
herzensrein 19, 4
Herzenswunsch 11, 36
Herzklopfen 11, 42
herzlich 11, 52; 11, 53; 16, 41
herzlos 11, 8
Hetäre 16, 45; 16, 60
Hetzblatt 16, 35
hetzen 8, 7; 11, 63; 16, 35; 16, 67
wie Heu 3, 20
Heuchelei 12, 55; 19, 8; 20, 14
heucheln 16, 51; 16, 72
Heuchler 13, 51
heuchlerisch 16, 32
heuern 19, 14
heulen 5, 33
Heulpeter 11, 33
Hexameter 3, 39
Hexe 11, 28; 11, 53
hexen 20, 12
Hieb 16, 76
Hiebe 16, 78
hier 2, 3
Hilfe 9, 57; 9, 69; 9, 70; 9, 82; 11,34; 13, 11; 16, 112
hilflos 4, 37; 9, 74; 11, 13
hilfreich 9, 70
hilfsbereit 11, 51; 11, 52; 16, 38; 18, 13
Himbeere 7, 2
Himmel 11, 9; 20, 10
Himmel (der gestirnte H.) 6, 2
Himmel (H. voller Geigen) 11, 35
himmelhoch (h. jauchzend) 11, 21
himmlisch 4,46; 11,10

Himmels (um H.s willen) 11, 50
hinab 2, 34
hinauf 2, 33; 8, 28
hinaus- 8, 24
hindern 9, 55; 9, 73
Hindernis 9, 72; 9, 73; 16, 29
hinein- 8, 23
hinfällig 4, 37
Hinfälligkeit 1, 8
hinhalten 9, 13
hinlänglich 3, 23
hinrichten 19, 32
hinsichtlich 4, 13; 12, 15
hinten 2, 7; 2, 27
hinten (h. herum) 16, 72
hinter 2, 27
hintereinander 2, 35
Hintergedanke 9, 14
hintergehen 18, 8
Hinterhalt 9, 74; 16, 71; 16, 72; 16, 76
hinterlistig 12, 27; 12, 53; 13, 4; 13, 51
Hinterwäldler 12, 55
hin und her 8, 1; 9, 9
hinunter 8, 30
Hinweis 13, 9
hinzufügen 3, 28
Hiobspost 11, 42
Hirn 12, 2
hirnverbrannt 12, 19; 12, 57
Hirt 16, 60
Hirte 16, 101
Hirtentäschel 7, 2
hissen 8, 28
historisch 12, 15
Hitze 5, 35; 9, 38; 9, 39; 11, 5; 11, 31; 11, 58
hitzig 4, 36; 11, 38; 11, 39; 11, 58
hoch 3, 12; 16, 31; 16, 87
Hochachtung 16, 30
Hochamt 20, 16
Hochbetrieb 9, 37
Hochburg 16, 96
Hochdeutsch 13, 12
Hochdruck (mit H.) 9, 38
Hochebene 3, 13
Hochfinanz 18, 3
Hochflut 3, 12
hochgehen 11, 31; 16, 117
Hochgenuß 11, 10
Hochmut 11, 45
hochmütig 11, 44; 11, 45; 16, 53; 16, 90
hochnäsig 11, 45
Hochspannung 4, 35
Hochstapler 16, 72; 16, 94; 18, 8
höchste Zeit 1, 36
Hochverrat 19, 11
Höcker 2, 48
Hof 16, 97; 16, 112; 17, 1
Hof (Hof machen) 11, 53; 16, 32; 16, 38
Hoffart 11, 45
hoffen 4, 2; 11, 35; 12, 41
Hoffnung 11, 35; 12, 24; 12, 41
hoffnungslos 11, 41
hofieren 16, 32
höflich 16, 30; 16, 32; 16, 38
Höflichkeit 16, 38; 16, 61
Höhe 3, 12; 16, 85
Höhepunkt 2, 33
Höhensonne 7, 44
hohl 2, 49; 2, 57; 3, 46; 5, 48
Höhle 2, 49; 2, 57; 3, 14
Hohn 11, 31; 16, 33; 16, 54
höhnen 16, 54
höhnisch 16, 54
Höhrrohr 10, 20
hokuspokus 20, 12
hold 11, 53
Holdseligkeit 11, 17
holen 8, 3
Hölle 11, 13; 20, 11; (16, 79)
Hölle (Hölle heiß machen) 16, 79
höllisch 20, 11
hölzern 11, 26; 11, 28; 11, 29
Honig 5, 66
Honigworte 16, 32
Honoratioren 16, 91
honorieren 18, 26
hopla 8, 1; 8, 29; 8, 31; 13, 10; 16,82
hops 18, 15
hörbar 10, 19
horch 12, 7
horchen 10, 19
hören 10, 19; 12, 35
Hörer 10, 19; 12, 35
hörig 16, 111
Höriger 16, 4; 16, 94; 16, 112; 16, 117
Hörner (Hörner aufsetzen) 16, 14
Hörsaal 12, 36; 13,30
Hörspiel 14, 3
Hörweite (in H.) 2, 9
Hose 17, 9
Hospiz 9, 76
Hotel 16, 64
hübsch 11, 10; 11, 17
huch (huch nein) 16, 51
Hufe 6, 15
Huflattich 7, 2
Huftiere 7, 9
Hühnchen (ein H. zu rupfen) 16, 81
Hühner 7, 9
Huld 11, 50; 11, 53
huldigen 12, 47
Huldigung 16, 31; 16, 84; 16, 87
Hülle 2, 20; 2, 58; 13, 4; 17, 7
Hülle und Fülle 3, 20
human 11, 50; 11, 51; 11, 52; 16, 121
Humbug 13, 51
Humor 11, 23
Humorist 11, 23
Humus 6, 14
Hund (wie H. und Katze leben) 11, 62; 11, 66; 16, 67
Hund (auf den H. kommen) 4, 47; 9, 50; 18, 4
hunderten (zu h. und zu tausenden) 3, 20
Hundeschnauze 11, 37
hündisch 16, 20; 16, 32; 16, 114; 16,115
Hundskamille 7, 2
Hundstage 5, 35
Hunger 10, 10; 11, 36 (10, 14)
Hunger (den H. stillen) 10, 14
hungern 3, 25; 7, 29; 10, 10; 18, 4
Hungersnot 4, 42
Hungertuch (am H. nagen) 3, 25
hungrig 7, 29; 10, 10; 10, 11
Hupe 5, 31; 13, 1
hüpfen 8, 29; 16, 55
huren 16, 44
hurtig 8, 7
husch 8, 7
Hut 9, 76; 17, 9
Hut (auf der Hut sein) 11, 40; 12, 7
hüten 9, 75
Hutschnur (über die Hutschnur) 16, 33
Hütte 17, 1
Hyäne 11, 58
hygienisch 7, 44
Hymne 16, 31
hyper 3, 22; 13, 52
Hyperbel 13, 36
Hypnose 10, 3
Hypochonder 11, 27; 11, 32
Hypothek 18, 17; 19, 16
Hypothese 12, 24
hypothetisch 12, 24; 12, 29
hysterisch 4, 36; 11, 6; 11, 32; 11, 36; 11, 58; 12, 57

I

ich 11, 1; 11, 2; 16, 3
Ideal 9, 14; 11, 17; 12, 28
ideal 9, 64; 11, 17; 12, 28
Idealist 12, 28
idealistisch 15, 3
Idee 3, 4; 3, 24; 9, 64; 12, 2; 12, 4; 12, 29; 12, 32
ideell 12, 2
identifizieren 4, 15
identisch 4, 15
Idiot 12, 56; 12, 57
Idol 11, 36
Ignoranz 12, 37
ignorieren 16, 36
Ihr 16, 3
illegal 19, 23
Illusion 11, 35; 11, 41; 12, 28; 12, 29
illusorisch 12, 27
imaginär 12, 27; 12, 28; 12, 29
Imbiß 7, 26
imitieren 4, 18
Imker 16, 60
immer 1, 6; 4, 19
immer wieder 1, 31; 1, 34
immerfort 1, 31; 4,19
Immergrün 7, 2
immerzu 1, 34
impfen 7, 44; 8, 26
imponieren 11, 17; 16, 30
improvisieren 9, 27
impulsiv 4, 27; 11, 20
imstande sein 4, 35
in 2, 19
inbegriffen 3, 48
indessen 4, 23
indifferent 9, 7
individuell 4, 21
Individuum 3, 36; 7, 13
Indizien 19, 12
Indolenz 11, 8; 11, 37
Industrie 4, 39
infam 11, 14; 16, 35
Infamie 19, 9
Infektion 7, 43
infizieren 9, 63
Inflation 3, 20; 18,15
infolge 4, 31
informieren 12, 32; 13, 2
Ingenieur 16, 60
Ingwer 7, 2
Inhaber 16, 4
Inhalt 3, 1; 3, 19; 13, 17
Injektion 8, 26
inklusive 3, 48
inkognito 13, 4
inmitten 2, 25; 2, 28
inne (inne werden) 12, 30
innen 2, 19
Inneres 2, 19
innerhalb 2, 19
innewohnen 2, 19; 4, 9
Innung 16, 17
Inquisitor 12, 8
insbesondere 3, 51
Inschrift 13, 1
Insekten 7, 9
Insel 6, 17
inständig 16, 20
Instanz 19, 27
instinktiv 9, 1; 12, 1
Instrument 9, 83; 14, 9; 15, 13
Intellektueller 13, 35
intelligent 9, 52; 12, 52
Intelligenz 12, 52
interessant 16, 55
Interesse 12, 7; 12, 39
interessieren 9, 44
international 12, 54
internieren 16, 117
Interpret 12, 31; 13, 44
Interview 13, 2
intim 16, 41
Intoleranz 9, 8; 12, 55
Intrigant 9, 38; 19, 8
Intrige 9, 15; 12, 53
intuitiv 12, 1; 12, 30
Invalid 7, 41
invalide 7, 39
Inventur 18, 28
inwendig 2, 19
Inzucht 9, 61
inzwischen 1, 13; 1, 15
irdisch 6, 3; 6, 20; 7, 13
Iris 5, 23
irisieren 5, 23
Ironie 13, 19; 13, 36; 16, 54
ironisch 11, 24; 13, 34; 13, 51; 16, 33; 16, 54
irreführen 12, 25; 13, 4; 18, 8
irren 8, 33; 12, 27; 13, 45
Irrenhaus 12, 57
Irrglaube 20, 2
irrig 13, 47
Irrlehre 12, 34
Irrlicht 12, 27; 12, 46
irrsinnig 3, 50
Irrtum 9, 78; 12, 19; 12, 28; 13, 45; 16, 54
-isieren 4, 18
-ismus 13, 52
isolieren 3, 34; 3, 36; 16, 52
i wo 13, 29

J

ja 13, 28
Jacht 8, 5
Jagd 8, 15
jagen 7, 12; 8, 7; 16, 6; 16, 55
jagen (jagen nach) 9, 40
Jäger 16, 60
Jägerlatein 13, 51; 13, 52
jäh 2, 13
Jahr 1, 1
Jahrmarkt 16, 59; 18, 25
Jähzorn 11, 31
jähzornig 4, 36; 11, 31; 11, 39; 11, 58
Jammer 4, 47
jämmerlich 9, 60; 11, 14; 19, 9
jammern 5, 34; 11, 33
Jargon 13, 12; 13, 35
Jauche 5, 64; 9, 67
Jauchzen 11, 21; 11, 22
jawohl 12, 47
Jawort 16, 11
jedenfalls 9, 6; 13, 48
jeder 3, 41
jedesmal 1, 33
jedoch 4, 20; 13, 48
jemand 3, 36
jenseits 2, 27
Jenseits 20, 10
Jesuit 12, 14; 12, 53; 13, 51; 16, 72
jesuitisch 20, 14
jetzt 1, 16
Jod (Varech, Kelp) 6, 26
Johannisbeere 7, 2
Johanniskraut 7, 2
johlen 5, 31; 5, 34; 15, 17
Journalist 14, 9
Jubel 11, 21; 16, 55; 16, 87
jubeln 11, 9; 11, 21; 11, 22
Jubiläum 16, 59; 16, 87
jucken 10, 1
Judaslohn 19, 8
Jugendstil 15, 3
jung 7, 22; 12, 35
jungen 3, 20
jung und alt 3, 41
Jünger 12, 35
Jungfer (alte J.) 16, 12
Jungfrau 16, 12; 16, 50
Junggeselle 3, 36; 16, 12; 16, 52
Jüngling 7, 22
Jurist 19, 28
juristisch 19, 27
Jus 19, 18
Jute 7, 2
Juwel 9, 56; 9, 64
Juwelier 16, 60
Jux 11, 21; 11, 23

K

Kabale 12, 53
Kabinett 16, 97; 16, 102
Kadi (zum K. laufen) 19, 27
Käfer 7, 9
Kaffee 7, 2
Kaffeeschwester 13, 22
Käfig 7, 10; 17, 1
Kahn 8, 5
Kai 6, 16
Kaiser 16, 98
Kajüte 8, 5
Kakteen 7, 2
Kalauer 11, 23
Kalender 1, 9
Kalktuff 6, 14
Kalmus 7, 2
Kalorie 5, 35
kalt 5, 40; 11, 37; 11, 61; 12, 13; 13, 42 (16, 105)
kalt (kalt stellen) 16, 105
kaltblütig 11, 40
Kälte 11, 8; 11, 62; 16, 66
Kamel 12, 56
Kamelie 7, 2
Kamellen (olle K.) 9, 45
Kamerad 9, 70; 16, 41
Kameradschaft 16,41
Kamin 5, 37; 5, 61
-Kammer 3, 18; 17, 2
Kammerherr 16, 112
Kampf 9, 40; 16, 67; 16, 70; 16, 73
Kämpfer 16, 74; 16, 77
kämpfen 9, 40; 9, 55; 9, 72; 16, 67; 16, 70 16, 73
Kampfgewühl 16, 76
Kampfhahn 11, 38
Kampfplatz 16, 75
Kanal 2, 57; 3, 33; 5, 55; 5, 56; 8, 11; 8, 25
Kandis 5, 66
Kanne 17, 6
Kanon 4, 19
Kanone 5, 29; 17, 12
Kante 2, 23 (18, 10)
Kante (auf die hohe K. legen) 18, 10
Kanzel 3, 12
Kanzlei 16, 99
Kap 6, 16
Kapazität 9, 52
Kapelle 15, 13; 20,20
kapieren 12, 31
Kapital 3, 18 (9, 84); 18, 16
Kapital (Kapital schlagen) 9, 84
Kapitalist 18, 3
Kapitän 16, 7; 16, 74; 16, 98; 16, 99
Kapitel 3, 42; 14, 11
Kapitulation 16, 83
kappen 3, 34
kaputt 9, 63
kaputt sein 3, 46; 4, 42
Karbid 5, 5
karg 3, 24
kärglich 3, 25
kariert 2, 15; 2, 43; 5, 23
Karikatur 2, 60; 11, 28; 13, 45; 15, 2
Karnickel 19, 11; 19, 31
Karriere machen (es zu etwas bringen) 4, 46; 9, 77
Karussell 16, 55
Karte 13, 1
Kartenlegerin 12, 43
Kartenspiele 16, 56
Kartoffel 7, 2
Kaserne 17, 1
Kasperle 14, 3
Kasse 18, 21
Kassierer 18, 26
Kastanie 7, 2
Kastanien (die K. aus dem Feuer holen) 9, 69; 9, 70
Kastengeist 16, 91
Kastor (Kastor und Pollux) 16, 41
kastrieren 4, 37; 7, 7
Katastrophe 4, 27; 4, 42; 4, 47
Katechismus 12, 17
Kategorie 3, 47
kategorisch 4, 6; 12, 26; 13, 28; 16, 106
Kater 7, 32
Katz (das ist für die K.) 9, 49
Katze (K. im Sack) 12, 27
Katzenbuckel 16, 38
Katzenfreundlichkeit 16, 32
Katzenmusik 5, 31; 15, 17
Kauderwelsch 13, 14; 13, 32; 13, 35
kauen 7, 26
Kauf (in K. nehmen) 9, 5
kaufen 4, 28; 18, 22 (16, 33)
kaufen (sich jmd. kaufen) 16, 33
Käufer 16, 5; 18, 22
Kaufhaus 18, 25
käuflich 18, 22; 16, 116
Kaufmann 16, 60; 18, 23
kaum 1, 5; 1, 29
kausal 12, 15
Kausalität 4, 31
Kaution 19, 16
Kauz 4, 20; 4, 21; 12, 57; 16, 52
Kavalier 16, 38
Kebse 16, 13
keck 16, 53
Kegel 2, 50
Kehle 7, 16
Kehre 2, 46
kehren 9, 66
Kehricht 9, 67
Kehrseite 2, 27; 4, 23; 11, 59; 18, 21
Kehrt machen 8, 17
Keil 8, 26
keifen 16, 33
Keile 16, 78
keimen 7, 1; 9, 29
kein 2, 4; 13, 29
keiner 3, 26
keinesfalls 4, 3
keineswegs 12, 48
Kellner 16, 60; 16, 112
kennen 12, 32; 16, 41
kennen (sich kennen) 16, 41
kennen (kennen lernen) 16, 41
Kenner 9, 52; 11, 18
Kenntnis 12, 32
Kenntnisse 9, 52
Kennzeichen 4, 9; 12, 9; 13, 46
Keramik 15, 9
Kerbholz (auf dem K. haben) 19, 11
Kerker 19, 33
Kerl 4, 35; 9, 6; 9, 53; 11, 38; 16, 94
Kern 9, 44
Kerngehäuse 7, 3
Kernpunkt 4, 10
Kerntruppe 9, 44
Kerze 5, 5
kess 16, 90
Kessel 5, 37
Kette (2, 35) 3, 33; 16, 100; 16, 111; 16, 117
Kette (Berg-Kette) 2, 35
ketten 9, 73
Ketzer 3, 34; 20, 2
keuchen 7, 39
keusch 11, 46; 11, 49; 16, 50
Keuschheit 16, 50
Kiefer 7, 2
Kies 5, 49; 18, 21
kiesetig 10, 12
kille (kille kille ei) 16, 43
Kilo(gramm) 5, 41
Kind 4, 41; 7, 22; 16, 9
Kind und Kegel 3, 41
Kindergarten 12, 36
Kinderschuhen (steckt noch in den K.) 3, 4
Kinderspiel 9, 45; 9, 54
Kinderstube (schlechte K.) 16, 53
kindisch 12, 19; 12, 25; 12, 56
Kinkerlitzchen 9, 45
Kino 15, 8
kippen 7, 31
Kirche 12, 22; 17, 1; 20, 13; 20, 17; 20, 20
Kirchenlicht 12, 56

Kirchenschiff 20, 21
Kirchweih 16, 59
Kirsche 7, 2
Kitsch 11, 29
Kitt 3, 33
Kittchen (rotw. Kütte, Haus) 19, 33
kitzeln 10, 1; 11, 22; 16, 43
Klage 16, 33; 16, 65; 19, 27
klagen über 7, 41; 11, 33; 13, 5; 19,27
Klageweib 11, 32
kläglich 9, 45; 11, 14
klaffen 2, 57
kläffen 5, 33
klamm 5, 40; 10, 5
Klang 13, 13
Klappe 2, 58
klappen 9, 77
klappern 5, 30; 5, 31
klar 5, 1; 5, 4; 5, 8; 6, 22; 9, 66; 13, 3; 13, 13; 13, 17; 13, 28; 13, 33
klären 2, 37; 6, 22
Klarheit 13, 33
klarlegen 13, 44
klarmachen 13, 33
Klasse 3, 47; 12, 33; 12, 36; 16, 16; 16, 85; 16, 91
klassisch 1, 27; 11, 46; 15, 3; 16, 121
Klatsch 13, 4; 13, 7; 13, 22; 16, 35
klatschen 13, 5; 13, 22
klauen 18, 9
Klausel 19, 15
Klausur 16, 117
Klavier 15, 14
kleben 16, 78
klebrig 5, 51
Klecks 9, 67
Klee 7, 2
Kleid 17, 9
Kleidung 17, 9
Kleidungsstücke 17, 9
klein 3, 4; 3, 7; 11, 53
klein (klein beigeben) 16, 83
klein (klein und häßlich werden) 16, 83
Kleinigkeit 3, 24; 3, 42; 9, 54
kleinlich 11, 27; 12, 19; 12, 55; 19, 7
kleinmütig 11, 42; 11, 43
Kleister 5, 51
Klemme 3, 25; 9, 55; 9, 74
Klemme (in der Kl. sein) 18, 4
klemmen (dahinter klemmen) 9, 29
Klempner 16, 60
Klerus 20, 17
klettern 8, 1
Klient 9, 75
klimmen (erklimmen) 8, 28
klimpern 15, 17
Klinge 17, 11; 17, 15
klingeln 5, 30; 13, 1
klingen 5, 24; 15, 16
Klinik 7, 44
Klippe 9, 74
Klique 3, 33
Kloake 9, 67
klöhnen 13, 22
klopfen 13, 1
klöppeln 17, 8
Kloster 16, 52; 20, 20
Klotz 5, 43; 9, 73
klotzig 16, 53
Klown 16, 54
Klub 9, 68
Kluft 2, 10
klug 9, 25; 9, 42; 9, 52; 11, 40; 12, 52; 12, 53
Klugheit 9, 52; 11, 40
Klumpen 3, 2; 5, 43
Klüngel 16, 16
Knall 4, 36
Knall (n' Knall) 12, 57
Knall (Knall und Fall) 12, 45
knallen 5, 26; 5, 29; 16, 78
knapp 3, 24; 3, 25; 13, 39; 15, 3; 16, 108
knarren 5, 30; 5, 31
knausern 18, 11
Knebel 16, 117
knebeln 9, 3
Knecht 16, 112
knechten 16, 111
knechtisch 11, 48
kneifen 11, 14
Kneifer 10, 16
kneipen 7, 31
kneten 5, 50
Knick 2, 43
knickerig 18, 11
Knicks 16, 30; 16, 38
knien 8, 30; 20, 13
Knieholz 7, 2
Kniff 9, 25; 12, 53; 16, 72
Kniffe 16, 72
knifflich 13, 35
knipsen 15, 8
knirschen 5, 31
Knoblauch 7, 2
Knochengerüst 7, 16
Knolle 2, 50
knorke 11, 17; 16, 31
knospen 4, 26
Knoten 2, 50; 9, 55
Knotenblume 7, 2
knüpfen (zusammenknüpfen) 3, 33
knurren 5, 33
Knute 16, 78
Koalition 9, 68
Kobalt 5, 21
Kobold 20, 5
Koch 16, 60
kochen 5, 35; 5, 39; 5, 59; 8, 34; 9, 57; 11, 31
koddrig 11, 15
Köder 9, 12; 11, 36
ködern 11, 36
Kohl 7, 2
Kohldampf 10, 10
Kohle 5, 38
kohlen 13, 51
Kohlenstoff 6, 26
kokett 16, 51
Koketterie 16, 42
kokettieren 16, 64
Kollege 3, 37; 16, 41
Koller 11, 31; 12, 57
kollidieren 8, 21
Kolonie 16, 4; 16,19; 17, 1
kolossal 3, 2; 3, 50
kombinieren 12, 1
Komet 5, 5; 6, 2
Komfort 18, 13
Komik 11, 23
Komiker 11, 23
komisch 11, 22; 11, 24; 11, 30
Kommando 16, 97; 16, 106
kommen 1, 23
kommen (kommen auf) 12, 2
kommen (zuvor k.) 1, 11
kommen (von) 4, 34
Kommentar 13, 44
Kommission 16, 103
kommt (kommt nicht in Frage) (knif) 13, 29; 16, 27
kompakt 5, 43
Komparativ 3, 3; 3, 51
komplett 3, 21; 3, 41
Komplikation 9, 55
Kompliment 16, 30; 16, 38; 16, 42
Komplize 9, 70
kompliziert 9, 55; 13, 35
Komplott 9, 15
komponieren 15, 11; 15, 15
Komponist 15, 11; 15, 13
Komposition 13, 38
Kompott 7, 27
Kompressor 17, 16
Kompromiß 16, 24; 16, 48; 19, 17
kompromittieren 16, 93
konditional 4, 32
Konditor 16, 60
Kongreß 3, 17; 16, 102
Konfekt 5, 66; 7, 27
Konferenz 16, 64
Konfession 12, 22; 20, 1
konfiszieren 18, 6; 18, 15
Konflikt 16, 65; 16, 70
konform 4, 16
konfus 2, 38
König 16, 98
konjugieren 13, 31
Konjunktur 4, 12; 18, 5
konkav 10, 16
Konkordat 19, 14
konkret 4, 1; 6, 20
Konkurs 18, 19
Konkurrenz 16, 70

können 4, 35
konsequent 9, 8; 12, 14
Konsequenz 12, 16
konservativ 4, 43
konservieren 4, 43
Konsistorium 16, 102
konstatieren 13, 28
konsterniert 11, 30
Konstitution 4, 8; 11, 2
Konstruktion 12, 29
Konsum 3, 31
Kontakt 2, 9
Kontinuität 1, 34
Konto 18, 30
Kontrakt 19, 14; 19, 16
Kontrast 4, 23; 12,10
Kontrolle 12, 9; 16, 96
Kontrolleur 16, 96
Konvent 3, 17
Konvention 4, 19
konvex 10, 16
konvulsivisch 4, 36
konzentrieren 2, 28
Konzern 3, 33
Konzert 15, 10; 15, 11; 15, 13
Konzession 16, 24; 16, 25; 16, 118; 19, 22
Kopf 7, 16; 12, 2; 12, 52
Kopf (Kopf waschen) 16, 33
Kopf (K. an K.) 2, 9
Kopf (im K. haben) 12, 39
Kopf (den K. schütteln) 13, 1
Kopfschütteln 13, 29
kopfüber 9, 39
Kopfzerbrechen 9, 40; 9, 55
Kopie 15, 1
kopieren 4, 18
Korb 9, 78; 16, 27
Korb (einen K. bekommen) 9, 78
Korb (Korb geben) 16, 27
Kork(en) 2, 58
Korkzieher 17, 15
Korn (aufs K. nehmen) 16, 108
Kornblume 7, 2
körnig 5, 49
Körper 4, 1; 6, 20
Körperschaft 3, 33; 16, 17
Körperteile 7, 16
Korpulenz 3, 10
korrekt 2, 37; 16, 38; 19, 1; 19, 3
Korrektur 9, 57
korrigieren 9, 57
Koryphäe 16, 85
Kosmopolit 12, 54
Kosmos 6, 1
kostbar 9, 56; 11, 23; 11, 53
Kostbarkeit 11, 10
kosten 18, 26
Kosten (viel K. machen) 18, 27
kosten (wenig k.) 18, 28
Kostenanschlag 18, 30
kostenlos 18, 29
köstlich 10, 8; 11,10; 11, 17
kostspielig 18, 27
Kostüm 17, 9
Kotau 16, 115
Kotzen (zum K.) 11, 14; 11, 31
krabbeln 10, 2
Krach 5, 26; 5, 29
krachen 5, 29
krächzen 5, 31; 5,33; 15, 17
Kraft 2, 19; 4, 35; 13, 33
kraft 4, 31; 16, 97
kräftig 4, 35; 9, 37; 9, 56; 16, 95
kräftigen 9, 37; 9, 70
kraftlos 16, 110
Kraftmensch 4, 35
krähen 5, 33
Kram 9, 45; 9, 60
Krampf 4, 27; 8, 34
Kran 17, 16
krank 7, 41; 12, 57
kränken 11, 14; 11, 31; 11, 60; 19, 9
kränkend 16, 35
Krankenhaus 7, 44
Kranker 7, 41
krankhaft 11, 6
kränklich 9, 63
Kränkung 11, 31; 16, 33; 16, 34
Kranz 16, 16; 16, 84
Krater 3, 14
Krätze 9, 67
kraus 2, 53
Krause 2, 45
kräuseln 2, 46
Kreatur 16, 115
Krebs 7, 4; 8, 17
Krebsschaden 11, 14
Krebstiere 7, 9
Kredit 11, 35; 16, 95; 18, 16
Kreide 5, 13; 6, 14
Kreis 3, 33; 6, 15; 16, 16; 16, 19
kreis- 2, 47
kreischen 5, 26; 5, 31
Kreisel 16, 56
kreisen 8, 32
kreisförmig 2, 47
Kreislauf 1, 33; 8, 32
Kresse 7, 2
Kreuz 16, 86
Kreuz (Kreuzverhör) 12, 8
Kreuz (zu Kreuz kriechen) 19, 5
kreuz und quer 2, 38
kreuzen 6, 21; 7, 10; 8, 12; 16, 7
Kreuzer 8, 5; 18, 21
Kreuzverhör 13, 25
kreuzweise 2, 15
kriechen 3, 13; 8, 8; 13, 4
kriechen (zu Kreuze kriechen) 16, 83
Kriecher 16, 32; 16, 115
Krieg 16, 67; 16, 73
Krieger 16, 74
kriegerisch 16, 73
Kriegsbeil (Kriegsb. begraben) 16, 48
Kriegsgeschrei 13, 11
Kriegsschauplatz 16, 75
Krise 9, 78
Krisis 4, 24; 9, 55; 9, 74
kristallisieren 5, 43
Kritik 12, 11; 12, 14; 12, 49; 14, 11; 16, 33
Kritikaster 11, 27; 16, 33
kritisch 11, 27; 12, 11; 16, 33
kritisieren 11, 18; 16, 33
Krittelei 16, 53
Krone 16, 84; 16, 100
Krösus 18, 3
Krümel 3, 4
krumm(beinig) 2, 46
Krüppel 11, 28
krüpplig 11, 28
Kruste 2, 20
Kübel 17, 6
Kubikmeter 3, 19
Küchenlatein 13, 32
Kuddelmuddel 2, 38
Kugel 17, 11; 17, 13
Kugel(form) 2, 50
kugeln 8, 32
Kugeln (zum Kugeln) 11, 23
Kuhhandel 9, 71
kühl 4, 38; 5, 40; 11, 8; 13, 4
kühlen 5, 40
Kühler 5, 40
kühn 11, 38; 11, 39; 16, 73
Kühnheit 13, 41
Kulissen (hinter den K.) 13, 4
Kult 20, 16
kultivieren 7, 5
kultiviert 11, 18; 16, 38
Kultur 11, 18; 16, 18; 16, 61; 16, 121
Kummer 4, 47; 11, 13; 11, 32
kümmerlich 9, 60; 13, 42
Kumpan 16, 41
Kunde 16, 5; 16, 6; 18, 22
Kunde (fauler K.) 18, 17; 18, 19
kündigen 9, 26; 16, 105
Kundschafter 13, 7
kundtun 13, 6
künftighin 1, 18
Kunst 12, 32
kunstfertig 9, 52
kunstgerecht 9, 25
Kunstgewerbe 15, 6
Kunstgriff 9, 52; 16, 72
Künstler 9, 22; 9, 52; 11, 18
künstlich 4, 18

Kupferstecher 15, 5
Kur 9, 58
Kür 9, 11
kurant 18, 21
Kurbel 8, 32
kurbeln (ankurbeln) 9, 21
Kürbis 7, 2
kurieren 7, 44
Kuriosität 4, 20
Kuriosum 11, 30
Kurort 16, 55
Kurs 8, 11
Kurs (in K., in Umlauf sein) 18, 21
Kürschner 16, 60
Kursus 12, 33
Kurve 2, 46
kurz 1, 8; 3, 4; 3, 7; 13, 39; 16, 53; 16, 108
kurz (kurz und bündig) 13, 33; 16, 108
kurz und klein schlagen 4, 42
Kürze 3, 4
kürzen 3, 5; 3, 7
Kürzeren ziehen, den 3, 52
kürzlich 1, 20
kurzsichtig 10, 17
küssen 16, 38; 16, 43
Küste 2, 23; 6, 16
Kutscher 16, 6; 16, 60; 16, 96; 16, 112

L

laben 11, 10
Laboratorium 9, 23; 17, 2
Labsal 7, 40; 11, 10; 11, 34
Labyrinth 2, 38; 2,46
Lache 3, 15
lachen 5, 34; 11, 21; 11, 22
lächerlich 9, 45; 11, 23; 11, 29; 12, 56
lächerlich (lächerlich machen) 12, 51; 16, 34; 16, 54
Lack 5, 11; 5, 53
Laden 18, 25
Ladenhüter 1, 27
Ladung 3, 18; 3, 19; 5, 41; 8, 3
Lage 2, 2; 3, 43; 6, 11; 16, 67
Lager 3, 13; 3, 17; 3, 18; 8, 2; 17, 1; 17, 3; 16, 73; 18, 25
lagern 2, 3; 2, 12
lahm 9, 41; 9, 65
lähmen 4, 37; 9, 73
laichen 7, 18
Laie 9, 53
Laienbruder 20, 22
Lake 5, 68
lakonisch 13, 39
Lakritze 7, 2
lallen 14, 14
Lamm 4, 38; 11, 47; 16, 109
Lampe 5, 5
Lampenfieber 11, 42
Land 6 13; 6 16; 16, 19
Landen (in allen L.) 2, 7
landen 8, 2; 8, 20; 16, 7
Landkarte 6, 11; 13, 9
landläufig 1, 31
Landschaft 6, 15
Landsmann 16, 4; 16, 41; 16, 42
Landstraße 8, 11
Landstreicher 16, 6
Landung 8, 19
lang 3, 6
langatmig 13, 22
Länge 13, 43
Langeweile 11, 26
längs 2, 14; 2, 29
langsam 1, 36; 8, 8; 9, 19; 9, 24; 9, 41
langsam (immer l. voran) 9, 24
langweilen (sich l.) 11, 26
langweilig 11, 26; 11, 29; 13, 42
Lanze 17, 13; 17, 15
Lapidarstil 13, 39
Lappalie 9, 45
Lappen 17, 8
Lärche 7, 2
Lärm 5, 26
lärmen 5, 26
lasch 4, 37
lassen 3, 32; 9, 85
lässig 9, 19; 9, 24; 9, 41; 9, 43
Last 9, 38; 9, 40; 9,55; 11, 14; 11, 26
Last (zur L. legen) 16, 33
lasten 5, 41
Lästerbank 13, 22
Lasterhöhle 19, 10
Lästermaul 16, 33; 16, 35
lästern 16, 35; 16,37; 19, 9; 20, 4
lästig 9, 40; 9, 51; 11, 26
lästig (lästig fallen) 16, 20
Laterne 5, 5
Latte 3, 6; 3, 11; 3, 12
Latte, lange 3, 11
lau 5, 35; 11, 8
Laube 17, 2
lauern 9, 26
Lauf 15, 10
Laufbahn 9, 25
laufen 5, 55; 8, 1; 8, 7; 16, 6
Läufer 13, 8
Lauffeuer 13, 6
Laufpaß (den L. geben) 16, 105
Laune 4, 25; 9, 2; 9, 4; 9, 10; 11, 3; 16, 53
launenhaft 4, 25; 4, 27
launisch 9, 9; 11, 58
lauschen 10, 19; 12 7; 13, 4
laut 5, 24; 5, 26
Laut 13, 13
lauter 6, 22; 9, 66
Lauterkeit 19, 3
läutern 6, 22; 9, 57
Lautlehre 13, 13
lautlos 5 28
Lautsprecher 5, 26
Lavendel 7, 2
lavieren 9, 7
Lawendel 5, 63
Lawine 4, 27; 6, 9; 8, 30; 9, 74
lax 19, 25
Lebemann 11, 11; 16, 44
leben 4, 1; 7, 17
lebendig 9, 37; 12, 39
Lebensart 16, 38; 16, 61
Lebensbaum 7, 2
Lebensfreude 11, 9
lebensgefährlich 7, 46
Lebenslust 11, 21
Lebensmittel 3, 18
lebensmüde 11, 26
Leberwurst (gekränkte L.) 11, 58
Lebewohl 16, 38; 18, 15
lebhaft 9, 37; 9, 38; 11, 5; 11, 6; 11, 21
Lebhaftigkeit 11, 20
leblos 6, 23
lecker 10, 8; 11, 10; 11, 36
Leckerbissen 10, 8
Leckermaul 10, 10; 10, 11; 10, 12
lechzen 10, 13; 11, 36
ledig 3, 36; 16, 12; 16, 118
ledern 5, 46
leer 2, 4; 2, 5; 9, 45; 13, 18
leer (leer ausgehen) 18, 29
Leere 3, 26; 12, 37
leeren 8, 24
Leerlauf 9, 51
legal 19, 19
Legato 3, 33
legen (niederlegen) 2, 3
Legierung 6, 21
Legierungen 6, 25
Legion 3, 20
Legislative 19, 19
legitim 19, 19; 19, 22
Legitimation 16, 103
legitimieren 12, 26

Lehen 18, 1
Lehm 6, 14
lehmig 5, 51
Lehne 17, 5
Lehre 12, 4; 12, 22
lehren 9, 26; 12, 22; 12, 32; 12, 33; 12, 52; 13, 33
Lehrer 12, 33; 13, 9; 16, 60
Lehrling 9, 29; 12, 35; 16, 112
lehrreich 12, 33
Lehrsatz 12, 17; 13, 28; 16, 106
Lehrstuhl 12, 36
Leib 7, 16; 11, 10
Leibeigenschaft 16, 111
Leibgarde 9, 75
leibhaftig 4, 1
Leichnam 7, 45
leicht 5, 42; 9, 54
leicht (leicht verständlich) 13, 33
leichtfertig 9, 43; 11, 11; 11, 39; 16, 44
leichtgläubig 12, 25
leichthin 9, 43
Leichtsinn 11, 39; 12, 13
leichtsinnig 9, 9; 9, 27; 11, 11; 12, 13
Leid 9, 50; 11, 13; 11, 14
leid (leid tun) 11, 32; 16, 82
Leiden 4, 47; 11, 13
leiden 7, 41; 11, 8; 11, 12; 16, 25
leiden (nicht leiden können) 11, 59
Leidenschaft 11, 2; 11, 5; 11, 36; 11, 53
Leidenschaft (L. geraten) 11, 5
leidenschaftlich 4,36; 11, 58
Leidenskelch 4, 47; 11, 13
leider 11, 32; 11, 33
Leidtragende, der 18, 15
Leierkasten 15, 14
leihen 18, 17
Leim 5, 51; 5, 53
Leim (auf den L. kriechen) 9, 53; 16, 72
leimen 3, 33
-lein 3, 4
Leinwand 15, 8
leise 5, 27; 5, 28; 13, 15
Leistung 9, 18; 16, 26; 19, 24
Leitartikel 14, 11
leiten 8, 11; 12, 33; 16, 96; 16, 97
Leiter 2, 37; 8, 28; 12, 33; 16, 96; 16, 98
Leitfaden 13, 9; 14, 12
Leitmotiv 12, 17
Leitung 9, 15; 16, 96
Leitung (lange L.) 12, 56
Lektüre 14, 7
lenken 8, 11; 16, 96; 16, 97
lenksam 9, 53
lernen 9, 52; 12, 8; 12, 32; 12, 35; 12, 39
-lese 3, 17
Lesebuch 12, 33
lesen 12, 35; 14, 7
Letter 14, 6
leuchten 5, 4; 11, 17
Leuchte 12, 52
Leuchtkäfer 5, 5
Leuchtturm 13, 1; 13, 10
Leumund (übler L.) 16, 93
Leute 7, 13
Leutnant 16, 74
Leviten (L. lesen) 16, 33
Lexikon 13, 16
liberal 16, 109; 16, 118
Licht 5, 4; 5, 5; 5, 36; 13, 1; 15, 4
Licht (rotes Licht) 13, 10
Licht (ans Licht bringen) 13, 3
Lichtdruck 15, 5
lichten (Anker licht.) 16, 7
Lichtmesser 10, 16
lieb 11, 10; 11, 53; 16, 22
Liebe 11, 36; 11, 53; 12, 7
Liebedienerei 16, 32; 16, 115
lieben 9, 50; 11, 53
liebenswürdig 11, 53; 16, 38
Liebenswürdigkeit 11, 10; 16, 38
Liebesbrief 16, 42
Liebeserklärung 16, 42
liebestoll 16, 44
liebevoll 11, 50
liebgewinnen 16, 41
Liebhaber 11, 36; 11, 53
Liebkind (L. machen) 16, 115
liebkosen 16, 43
lieblich 11, 10; 11, 17; 11, 53
Liebreiz 11, 17
Lied 14, 2; 15, 12
liederlich 11, 11; 16, 44; 18, 14; 19, 10
Liederlichkeit 16, 44
liefern 18, 23
liegen 2, 3; 2, 12; 2, 34
Liga 9, 68
lila 5, 22
lindern 4, 8; 11, 8; 11, 34
Linderung 7, 40
Linie 2, 39; 3, 6; 5, 2; 13, 1; 14, 5; 15, 3; 16, 74
Linie (in erster L.) 9, 44
linkisch 9, 53; 11, 29
links 2, 30
Linse 7, 2
lispeln 5, 27; 13, 14
List 9, 15; 11, 40; 13, 51; 16, 72
Liste 13, 1
listig 9, 25; 11, 40; 12, 53; 13, 51
Liter 3, 19
Literat 14, 1
Literatur 14, 11
Liturgie 20, 16
Livree 16, 112
Lob 16, 31
loben 16, 31
lobenswert 16, 31
lobhudeln 16, 32
Lobhudelei 12, 50
Loblied 11, 54
lobpreisen 20, 13
Lobredner 16, 31; 16, 32
Loch 3, 14; 16, 71
locken 8, 14; 11, 36; 11, 53
locker 5, 48; 11, 11; 16, 44
locker (nicht locker lassen) 9, 8
lockern 5, 48
Lockspeise 9, 12
logieren 16, 1
Logik 12, 14
logisch 12, 4; 12, 14; 13, 46
Lohe 5, 36
Lohn 9, 47; 16, 80; 18, 26
lohnen 16, 46; 18, 5
lohnen (sich lohnen) 9, 47
lohnend 9, 47
lokal 2, 2
Lokal 16, 64
löschen 5, 40; 9, 33
los 3, 34; 8, 7; 16, 118
lose 5, 48; 8, 22; 11, 11
loseisen 3, 34
losen 9, 16; 12, 43
lösen 5, 48; 13, 26; 13, 44; 16, 118
Löß 5, 48; 6, 14
Lösung 5, 54; 12, 15
loswerden 18, 15
loten 3, 14
Lotos 7, 2
Lotse 16, 7
lotsen 8, 11; 16, 95
Lotterie 9, 16
Löwe 13, 1
Löwenmaul 7, 2
Löwenzahn 7, 2
loyal 19, 1; 19, 2
Lücke 2, 49
Lückenbeißer 16, 104
Lückenbüßer 4, 29
Luft 2, 1; 5, 60; 9, 45
Luft (dicke Luft) 9, 74
Luft (ist Luft) 12, 38
Luftbild 10, 17
lüften 5, 63; 6, 6
luftig 5, 42; 5, 60; 6, 6

Luftmesser 6, 4; 6, 6
Luftschiff 8, 6
Luftschloß 2, 5; 12, 28
Luftschlösser 4, 3; 11, 35
Luftweg 5, 61
Lug (Lug und Trug) 12, 53
Lüge 13, 51; 19, 8
lügen 13, 51
Lügen (Lügen strafen) 13, 29; 13, 47
Lügner 16, 72
Luke 2, 57
Lukull 10, 11
Lümmel 9, 53; 16, 53; 16, 94
Lump 19, 10
Lump(enkerl) 16, 94
lumpen (läßt sich nicht l.) 18, 13
Lumpen 9, 45
Lumpensammler 16, 60
Lunge 5, 61
Lunte 5, 36; 5, 38
Lupe 10, 16
Lurche 7, 9
Lust 9, 4; 11, 2; 11, 9; 11, 21; 11, 36; 11, 53
Lust (Lust haben, bekommen) 9, 2; 9, 14
lüstern 11, 36; 16, 44
Lustgreis 16, 44
lustig 11, 9; 11, 16; 11, 21; 11, 22
lustig (sich lustig machen über) 16, 34
lutschen 5, 54
lütt (ndd.) 3, 4
Luxus 9, 49; 11, 10; 11, 11; 11, 19; 18, 14
Luzerne 7, 2
lynchen 19, 32
Lyrik 14, 2

M

Mache 16, 72
machen (machen wir) 16, 24
machen (rein mach.) 9, 66
Macht 4, 35; 13, 41; 16, 95; 16, 97; 16, 107
mächtig 3, 2; 3, 50; 4, 35; 16, 95
Magazin 3, 18; 14, 11
Magd 16, 112
mager 3, 11; 3, 25
Magie 20, 12
Magistrat 16, 96; 16, 97; 16, 99; 16, 102
Magnet 8, 14
Magnolie 7, 2
mähen 3, 34; 7, 5
mahlen 5, 49
Mahlzeit 7, 26; 16,55
mahnen 13, 10
Maiglöckchen 7, 2
Mais 7, 2
Maitresse 16, 13
Majoran 7, 2
Makel 9, 65; 11, 28
makellos 9, 64; 19, 4
mäkeln 10, 12; 11, 19; 11, 27
mäklig 10, 12; 11, 27
Makulatur 9, 45; 18, 19
Mal 16, 56
mal 1, 28
malen 5, 11; 14, 5; 15, 4
Malerei 15, 4
malerisch 11, 17
Malve 7, 2
Malz 7, 2
manche 3, 17
manchmal 1, 29; 1, 30
Mandel 7, 2
mang (berl.) 6, 21; 8, 26
Mangel 3, 5; 9, 65
mangelhaft 3, 25; 3, 46; 9, 60; 12, 27
mangeln 3, 25; 3, 26; 3, 46
Manieren (M. beibringen) 16, 38
manieriert 11, 29
Manifest 13, 6
Mann 7, 14; 9, 6
Mann (ein Mann, ein Wort) 11, 46
Mann (Mann aus dem Volk) 16, 94
Männertreu 7, 2
mannhaft 4, 35
mannigfaltig 4, 22
männlich 11, 38
Mannschaft 16, 17; 16, 74
Manometer 5, 60
Mantel 16, 71; 17, 9
Mantel (den M. nach dem Wind hängen) 9, 9; 16, 115
Mappe 17, 7
Märchen 12, 28
Margarine 5, 52
Marine 16, 74
maritim 6, 18
Mark 6, 15; 9, 44
Marke 13, 1
markerschütternd 15, 17
markieren 13, 1
Markt 18, 25
markten 18, 20
Marmor 6, 14; 15, 9
Marotte 9, 10
Mars 16, 73
Marsch 6, 13; 6, 16; 6, 18; 6, 19; 16, 6
Marschallstab 16, 100
marschieren 8, 1; 8, 18; 16, 6
Marterl 7, 48
martern 11, 14; 16, 79
Märtyrer 11, 13
Märzenbecher 7, 2
Marzipan 5, 66
Maschine 9, 82; 9, 83; 17, 16
Maschinengewehr 17, 12
Maske 13, 4; 16, 71
Maskerade 16, 55
Maß 3, 6; 11, 12; 12, 12
Maß (Maß voll) 16,33
Masse 3, 20; 5, 43; 6, 20
Masse (die Masse) 16, 94
massenhaft 3, 20
maßgebend 9, 12; 9, 44; 16, 85; 16, 95; 16, 97
massig 3, 10; 5, 41
mäßig 3, 50; 4, 38; 11, 12; 11, 16; 18, 10
mäßigen 11, 8; 11, 34
mäßigen (sich mäßigen) 11, 8
Mäßigkeit 11, 16
Mäßigung 4, 38
massiv 5, 43
Maßlosigkeit 11, 11
Maßnahme 9, 18
Maßnahmen 9, 26
Maßregel 9, 82
maßregeln 19, 32
Mast 3, 12; 8, 5
Mast, die 3, 10
mästen 2, 21; 3, 3; 3, 10; 7, 26; 8, 23
Material 3, 18
Materie 6, 20
materiell 6, 20
Mathematik 3, 35
Matrone 7, 25; 16, 74
Matrose 16, 7
Matsch 5, 51
matt 4, 37; 5, 6; 5, 12; 5, 27; 9, 19; 9, 24; 9, 41; 11, 26; 16, 110
mattsetzen 9, 77
Mauer 2, 23; 2, 24; 9, 73; 16, 77; 17,14
Mauerraute 7, 1
Maul 7, 16
Maulheld 16, 89; 16, 90
Maurer 16, 60
Maxime 4, 19; 12, 17
Mäzen 9, 70; 11, 18; 18, 12
Mechanik 4, 35
Mechanismus 9, 82
meckern 5, 33; 16, 33
Medaille 14, 9; 15, 9; 16, 86; 18, 21
Medium 20, 12

Medizin 7, 44
Meer 6, 18
Meerrettich 7, 2
mehlig 5, 49
mehr 3, 51
mehren 3, 3
Mehrheit 3, 51; 9, 11
mehrmals 1, 28
Mehrzahl 3, 17
meiden 9, 32; 11, 59; 16, 66
Meier 16, 60
Meiler 5, 37
meinen 12, 5; 12, 22; 12, 24; 13, 17; 13, 21
Meineid 13, 51
meineidig 16, 28
meineidig (m. werden) 13, 51
meinetwegen 9, 45; 16, 24
Meinung 12, 4; 12, 24
Meinungsverschiedenheit 16, 67
meißeln 15, 9
meistens 4, 19
Meister 4, 39; 9, 22; 9, 52; 12, 33; 12, 52; 16, 86; 16, 96; 16, 98
meisterhaft 9, 64
Melancholie 11, 32
melden 13, 2; 13, 5
Meldung 13, 2
meliert 5, 23
Melodie 15, 12
melodiös 15, 16
melodisch 15, 16
Melone 7, 2
Meltau 7, 2
Memme 11, 43
Memoiren 14, 1
Mene Tekel 13, 10
Menge 3, 17
Mensch 7, 13
menschenfreundlich 11, 52
Menschenhaß 11, 63
Menschenrecht 16, 119
menschenscheu 16, 52
Menschenskind 11,30
menschlich 7, 13; 11, 51; 11, 52
Menschlichkeit 16, 121
Mentalität 11, 2; 12, 3; 12, 22
Mentor 12, 33; 13, 9
Mergel 5, 49
Merkbuch 9, 26
merken 11, 4; 12 32
merken (sich merken) 12, 7; 12, 39
Merkmal 4, 9; 12, 9; 13, 1
Merkur 13, 8
merkwürdig 9, 44; 11, 30
Messe 18, 25
messen 12, 12
Messer 17, 11; 17, 15
-messer 12, 12
Meßgeräte 20, 21
Messing 6, 25
Metalle 6, 24
Metamorphose 4, 24
Meteor 6, 2
Meteorologie 6, 4
-meter 12, 12
Meter 3, 6
Metermaß 12, 12
Methode 2, 37; 9, 25
methodisch 9, 25
Meuterei 16, 65; 16, 116
meutern 16, 116
miauen 5, 33
mickrig 3, 11
Mief 5, 64
Miene 13, 1
Miene (saure Miene) 16, 33
mies 11, 15; 11, 59
Miesepeter 11, 32
Miesmacher 11, 41; 11, 43
mieten 18, 17; 19, 14
Migräne 11, 32
Mikroskop 10, 16
Mikrophon 10, 19
milchig 5, 9
Milchkuh 3, 18
Milchstraße 6, 2
milde 11, 50; 16, 38; 16, 109
Milde 16, 109
mildern 4, 38; 11, 34; 13, 48
mildernde (m. Umstände geltend) 19, 13
Mildtätigkeit 11, 52
Militär 16, 74; 16, 99
militärisch 16, 73
Millionär 18, 3
Mimose 7, 2; 11, 58
mimosenhaft 11, 7
minder 3, 52
mindern 3, 5
minderwertig 9, 60
Mine 3, 18; 6, 23; 8, 22; 9, 74; 16, 65; 17, 13
minimal 3, 4
Minister 16, 96; 16, 99
Minus 3, 30
Minze 7, 2
Misanthrop 11, 63
mischen 6, 21
Mischung 6, 21
miserabel 9, 60
Mispel 7, 2
Miß- 12, 27
mißachten 16, 34
Mißbehagen 11, 13
mißbilligen 16, 33
Mißbilligung 13, 10; 16, 33
mißbrauchen 9, 86
Mißdeutung 13, 19; 13, 45
Mißerfolg 9, 78
Missetat 19, 10; 19, 20
Mißgeburt 2, 60; 11, 28
Mißgeschick 4, 47; 9, 50; 11, 13; 11, 14
mißglücken 9, 78; 12, 45
Mißgriff 9, 51; 9, 78
Mißgunst 11, 57; 19, 7
mißhandeln 11, 14; 11, 60; 16, 79
Mißklang 13, 15; 15, 17
mißlich 9, 55; 9, 74; 11, 33
Mißlingen 12, 46
mißlingen 9, 60
mißmutig 11, 27; 11, 31; 11, 32; 16, 53
Mißstimmung 11, 27
mißtrauen 12, 23
Mißtrauen 12, 23; 12, 24
mißtrauisch 11, 42
mißverständlich 13, 34
Mißverständnis 12, 28; 13, 45; 16, 67
mißverstehen 13, 35; 13, 45
Mist 5, 64; 7, 5; 9, 45; 9, 60; 9, 67; 11, 29; 12, 57
Mistel 7, 2
mit 3, 28; 3, 33; 3, 37; 6, 21; 9, 82
mit nichten 4, 3
Mitarbeiter 9, 22; 9, 82
Mitesser 7, 41
Mitgift 18, 12
Mitglied 3, 48; 16, 41
Mitleid 11, 50
mitleidig 11, 50; 16, 109
mitmachen 3, 33
Mittag 1, 3; 6, 12
Mitte 2, 28
mitteilen 13, 2
Mitteilung 13, 2
Mittel 9, 82
Mittelding 3, 52
mittelmäßig 9, 59; 12, 56
Mittelpunkt 9, 44
mittels 9, 82
Mittelstand 16, 92
mittlerweile 1, 15
Mitwirkung 9, 69; 9, 82
Mixtur 6, 21
mobil 16, 68
mobilmachen 16, 73
Mode 9, 31; 16, 61
Modell 4, 8; 4, 18; 15, 1; 15, 9
modern 1, 16; 1, 26; 15, 3; 16, 61
mögen 11, 36; 11, 53
möglich 4, 2; 12, 24
Möglichkeit 12, 24
möglichst 3, 50
Mohr 5, 14
Mohrrübe 7, 2
Mole 6, 16
mollig 2, 54; 5, 35; 5, 50; 11, 16
Mollusken 7, 9
Molo 8, 11
Moment, das 4, 1
Monarchie 16, 19
Monat 1, 9
Mönch 16, 50; 16, 52; 16, 60; 20, 13

Mond 5, 5; 6, 2
Mondkalb 12, 56
Moneten (stud.) 18, 21
Mongole 5, 19
Monokel 10, 16
Monolog 13, 27
mono- 3, 36
Monopol 19, 22
monoton 11, 26
Moor 6, 13; 6, 19
Moral 19, 24
Morast 6, 19
morden 7, 46
Mörder 7, 46
Mordshunger 3, 50
Mores (Mores lehren) 16, 33; 16, 78
morganatisch 16, 13
Morgen 1, 2; 3, 16; 6, 15
morgen 1, 23
morsch 5, 47; 5, 50
Moschee 20, 20
Mostrich 7, 2
Motiv 4, 31; 12, 5; 15, 11
motivieren 12, 15
Motor 9, 82
Motorboot 8, 5
motorisieren 17, 16
Motorrad 8, 4
Motto 12, 17; 13, 1; 13, 20; 14, 2
müde 7, 39; 9, 24; 11, 14; 11, 26
muffig 5, 64
Mühe 9, 38; 9, 40
mühelos 9, 54
Mühle 5, 49
Mühsal 4, 47; 9, 55
mühsam 9, 40
mühselig 9, 55; 11,14
Mulatte 5, 16
Müller 16, 60
Mumpitz 12, 19; 12, 56
Mund 7, 16
Mund (reinen Mund halten) 13, 4
Mund (Mund halten) 13, 4
Mundart 13, 12
munden 10, 7; 10, 8
Mundharmonika 15, 14
mündig 7, 23
mündlich 13, 12; 13, 13
Mundraub 18, 9
Mündung 8, 23
Mundwerk 16, 89
munter 7, 38; 9, 38; 11, 9; 11, 20; 11,21
Münze 18, 21
münzen 18, 21
mürbe 5, 47; 5, 50
murklig 3, 11
Murmel 16, 56
murmeln 13, 14
murren 16, 67; 16, 116
mürrisch 11, 27; 11, 31; 11, 32; 11, 58 11, 60
Muse 14, 2
Museum 15, 4
Musik 11, 34; 15, 10
musikalisch 15, 16
Musiker 15, 13
Musikinstrumente 15, 14
musizieren 15, 10; 15, 13
Muskel 4, 35
Muße 9, 36
müssen 19, 24
müßig 9, 19; 9, 24; 9, 41; 9, 45; 9, 49; 9, 51
Müßiggang 9, 24
Muster 3, 36; 4, 18; 9, 64; 14, 6
mustergültig 9, 52
musterhaft 11, 18; 19, 3
Musterknabe 19, 4
mustern 5, 23; 10, 15; 16, 73
Mut 9, 6; 11, 38
Mut (den M. sinken lassen) 4, 37
Mutation 4, 24
Mute (zu Mute sein) 11, 3
mutig 9, 6; 11, 38; 16, 73
Mutter 16, 9
Mutterwitz 9, 52; 12, 18
mutterseelenallein 16, 52
mutmaßen 12, 24; 12, 43
mutwillig 11, 39
Myrte 7, 2
Mysterium 13, 4
Mythos 12, 28; 14, 9

N

nachahmen 4, 18
Nachbar 2, 9; 2, 24; 16, 4
nachbarlich 16, 41
Nachbeter 4, 18
nachdem 1, 19
nachdem (je nachd.) 4, 21
nachdenken 12, 3
nachdenklich 12, 3
Nachdruck 9, 37; 9, 44; 13, 13; 13, 33; 13, 36; 13,41; 14, 11
nachdrücklich 9, 6; 9, 37
nacheinander 1, 34
Nachfolger 9, 70
Nachfrage 18, 22
nachgeben 4, 37; 9, 7; 16, 110
nachgiebig 5, 50; 9, 9; 9, 12; 9, 54; 16, 38; 16, 47
Nachgiebigkeit 16, 114
nachher 1, 23
nachhinken 1, 36
Nachhut 16, 74
Nachkomme 4, 41
nachlassen 4, 26; 4, 36
nachlässig 9, 43; 11, 37; 16, 28
Nachrede (üble N.) 16, 33; 16, 35; 16, 93
nachreden (Übles n.) 16, 35
Nachricht 13, 6; 13, 7
Nachruf 7, 48; 11, 33
Nachsicht 11, 50; 16, 47; 16, 109
Nachsicht (N. haben) 16, 25
nachsichtig 16, 109; 16, 110
Nachspeise 7, 27
nachstehen 3, 52
nachstellen 9, 74
Nächstenliebe 11, 51; 11, 52; 19, 2
nächstens 1, 24
Nacht 1, 4; 5, 7
Nachteil 18, 15
Nachtfrost 5, 40
Nachtisch 7, 27
Nachtkerze 7, 2
Nachtschatten 7, 2
Nachteil 9, 49; 9, 50; 9, 78
nachteilig 9, 63
nachweisen 13, 3; 13, 28
Nachwelt 1, 23
nackt 2, 22
Nadel 2, 55; 17, 15
Nagel 2, 55
Nagel (N. zum Sarge) 11, 14
Nagel (an den N. hängen) 9, 20
Nagel (den N. auf den Kopf treffen) 9, 52
nahelegen 9, 12
nahen 1, 23
nahezu 4, 17
nahrhaft 7, 26
Nahrung 3, 18
naiv 12, 25; 12, 56; 13, 49
Name 13, 1; 13, 16; 16, 85
Namen (sich einen N. machen) 16, 85
nämlich 4, 31; 12, 15; 13, 17; 13, 44
na na 12, 23
Narbe 7, 42; 11, 28
Narkose 10, 3

Narr 11, 23; 11, 24; 12,56; 12,57; 16,72
Narrenhaus 16, 117
närrisch 12, 57
Narzisse 7, 2
Nase 7, 16; 10, 6; 12, 1
Nasenlang, alle 1,31; 2, 7
Naserümpfen 16, 34
naseweis 1, 38; 12, 8
naß 5, 57
Nassauer 16, 115
nassauern 18, 29
Nation 16, 18
national 16, 18
Nationalität 16, 18
Natur 4, 8; 6, 1; 11, 2; 11, 46
naturalistisch 15, 3
natürlich 4, 6; 6, 22; 9, 27; 11, 46; 12, 26; 12, 44; 13, 40; 13, 49
Natürlichkeit 11, 46
Naturzustand 9, 27
Nebel 5, 6
neben 2, 9
neben (räumlich) 2, 9
Nebenbuhler 9, 73; 11, 57
nebeneinander 2, 14
Nebensache 9, 45; 11, 37
nebensächlich 9, 45
neblig 5, 10
nebst 3, 28; 3, 33
necken 16, 54
neckisch 11, 23
Neffe 16, 9
negativ 13, 29
Neger 5, 14
Negligé 11, 46
nehmen 16, 84
Nehrung 6, 16
Neid 11, 27; 11, 57; 11, 60
neidisch 11, 60
Neige des Tags 1, 4
neigen 2, 13; 9, 14
neigen (hinneigen) 9, 1
neigen, sich 2, 46
neigt (der Tag neigt sich) 1, 4
Neigung 9, 1; 9, 2; 9, 4; 9, 14; 11, 36; 11, 53
nein 4, 3; 12, 48
Nelken 7, 2
Nemesis 16, 81
Nepp 18, 8
Nerv 11, 4
nervös 9, 7; 11, 7; 11, 31; 11, 58
Nesseltiere 7, 9
Nest 16, 2; 17, 1
nett 9, 66; 11, 10; 11, 17; 11, 53
Netz 2, 57; 9, 55; 16, 72; 17, 7
neu 1, 26; 9, 32
Neubearbeitung 9,57
neuerdings 1, 16; 1,20
Neuigkeit 13, 7
neulich 1, 20
Neuling 16, 5
neutral 9, 7
neutral (sich neutral verhalten) 9, 19
Neuzeit 1, 16
nicht nur, sondern auch 3, 33; 3, 51
nichtig 12, 27
Nichtigkeit 9, 49
nichts 3, 26
Nichts 2, 4
Nichts (ein N.) 3, 4
nichtsdestoweniger 4, 23
Nichtskönner 9, 53
Nichtsnutz 9, 51
nichtssagend 12, 56; 13, 18
Nichtstuer 9, 24
Nichtstun 9, 19
nichtswürdig 16, 36
nicken 12, 47
nie 1, 5
niederdrücken 11, 32
niedergedrückt 11, 13
niedergeschlagen 11, 32
niederkommen 7, 21
Niederlage 16, 73; 16, 83
niederreißen 4, 42
Niederschlag 4, 34
Niederschläge 6, 8
niederträchtig 11,14; 19, 9; 19, 10
niederwerfen 9, 77
niedlich 3, 4; 11, 17; 11, 23
niedrig 3, 13; 3, 15; 9, 45; 11, 48; 16, 94; 16, 115
niedriger (n. hängen) 13, 5
niemals 4, 3
niemand 2, 4; 3, 26
niesen 7, 35
Nigger 16, 120
Niklaus 20, 6
Nimbus 16, 85
Niobe 11, 33
nippen 7, 30; 10, 7
nirgends 2, 4
nirgendwo 2, 5
Nische 2, 49
noch 3, 28; 3, 32
Norden 6, 12
Nordpol 5, 40
nörgeln 16, 33
Nörgler 11, 27
Norm 4, 19; 12, 17
normal 12, 18; 12, 44
normen 4, 16
Not 3, 25; 4, 47; 9, 55; 11, 13; 11, 14
Not (der N. gehorchend) 9, 5
Notar 19, 28
Notbremse 13, 11
Note 13, 2; 14, 6; 14, 10; 15, 10
Noten, nach 3, 50
notieren 14, 9
nötig 9, 3
nötigen 9, 3; 16, 22; 16, 107
nötigenfalls 9, 81
Nötigung 16, 107
Notiz 13, 2; 13, 6; 14, 10
Notlage 9, 55
notleiden 18, 4
Notlüge 13, 51
Notnagel 4, 29
Notruf 13, 11
notwendig 9, 81; 16, 107
Notwendigkeit 9, 3; 9, 81
Notzucht 16, 44
Novelle 14, 1
Novize 9, 29
nüchtern 4, 38; 11, 8; 11, 12; 11, 25; 11, 26; 11, 32; 12, 26; 13, 40
nudeln 3, 10
null 3, 26
Null 9, 45
Nulpe 12, 56
Numero (N. sicher) 16, 117
Nummer 3, 35; 11,24
nur 3, 25
nützen 9, 46; 9, 47; 9, 56
Nutzen 9, 46; 9, 47
nützlich 9, 46; 9, 70; 9, 84
nutzlos 7, 7; 9, 49
Nutznießung 9, 84

O

ob (als ob) 16, 72
Obdach 9, 76; 16, 1
Obelisk 3, 12
oben 2, 33
oben (von o. herab) 16, 34; 16, 90
oberflächlich 9, 43; 12, 13; 12, 37; 13, 42
oberhalb 2, 33
Oberhand (O. gewinnen) 16, 97
Oberhaupt 16, 96
obgleich 4, 23; 13, 48; 16, 65
Obhut 9, 75
objektiv 12, 14; 19, 18
obligatorisch 9, 3; 19, 24
Obrigkeit 16, 97; 16, 99; 19, 29
Obst 7, 27
obszön 11, 11; 16, 44

Ocker 5, 20
Ochse 12, 56
Ochsenpinsel 7, 2
Ode 14, 2
öde 9, 49
Ofen 5, 37
offen 2, 57; 12, 25; 13, 33; 13, 49; 16, 76
offenbaren 13, 3; 13, 5; 13, 49
Offenbarung 13, 5; 20, 1; 20, 19
offenherzig 11, 46
offenkundig 12, 32; 13, 3; 13, 6
offensichtlich 5, 1
offensiv 16, 76
Offensive 16, 76
öffentlich 13, 6
Öffentlichkeit 13, 3; 13, 6
Offerte 16, 22
offiziell 12, 26; 13, 3; 13, 28; 16, 97; 19, 19
Offizier 16, 96
offiziös 9, 12
öffnen 2, 57
Öffnung 2, 10; 2, 57
oft 1, 31
öfters 1, 31
Oheim 16, 9
ohne 2, 4; 3, 30; 3, 49; 4, 3
Ohnmacht 4, 37; 10, 3; 11, 8; 11, 15
ohnmächtig 11, 15; 16, 110
Ohr 7, 16
Ohr (übers Ohr hauen) 18, 8
Ohren (hinter den O.) 12, 52; 12, 53
Ohren (O. spitzen) 10, 19
ohrenbetäubend 5,26
Ohrenbläser 16, 32
Ohrenzeuge 10, 15
ohrfeigen 16, 78
Oktave 3, 39
Okulation 3, 33
Öl 5, 5; 5, 52
Öl (Öl ins Feuer) 9, 38
Oleander 7, 2
ölig 5, 52
Olim (zu Olims Zeiten) 1, 21
Olymp 20, 10
Omen 12, 43
Onkel 16, 72
Opal 5, 23
Oper 14, 3; 15, 15; 16, 55
Opfer 11, 13; 16, 22; 16, 72; 20, 16
opferfreudig 11, 51
opfern 20, 13
opferwillig 19, 2
opponieren 11, 27
Opposition 2, 32; 9, 72; 16, 65; 16, 116
Optik 5, 4
Optimismus 11, 35
optisch 10, 15
optische Täuschung 10, 17
Orakel 4, 7; 12, 52; 13, 9; 13, 34
orange 5, 20
Orchester 15, 13
Orchesterkonzert 15, 14
Orden 16, 46; 16, 84; 16, 85; 16, 86
ordentlich 2, 37; 9, 42
ordinär 11, 29; 16, 53
ordnen 2, 37; 9, 26
Ordnung 16, 106
Ordnung, in 2, 37
Organisation 2, 37; 9, 26
organisch 4, 26
organisieren 9, 15; 9, 21; 9, 26
Organismus 4, 1
Orgel 15, 14
Orgie 11, 11
Orient 6, 12
Original 4, 18; 4, 20; 4, 21; 12, 57; 13, 53; 16, 52; 16, 54
originell 11, 23
Orkan 4, 36; 6, 6
Ornament 15, 3; 15, 4; 15, 7
Ort 2, 2; 6, 11; 6, 15
Ort (an Ort und Stelle) 2, 3
örtlich 2, 2
Ortschaft 16, 2
Osten 6, 12
Othello 11, 56
Ouvertüre 15, 11
oval 2, 50
Ozean 6, 18
Ozon 5, 60; 5, 63

P

Paar 3, 37
paaren 6, 21
paarig 3, 37
pachten 18 17
Pädagogik 12, 33
paddeln 8, 5
Page 16, 112
Paket 3, 17
Palast 17, 1
Palisade 16, 77
Palme 16, 84
Panik 11, 42; 11, 43
Panne 9, 50; 9, 55; 9, 63; 9, 73
Panorama 5, 1; 5, 2; 10, 15
Pantoffelheld 4, 37; 9, 7; 11, 47
Panzer 10, 3; 17, 14
panzern 2, 20
Papagei 13, 22
Papier 14, 6; 14, 11
Parade 16, 88
Paradies 11, 9
paradiesisch 4, 46
paradox 12, 19; 12, 23
parallel 2, 14
Parallele 12, 10
Parasit 16, 112; 16, 115; 18, 29
pardauz 8, 31
Pardon 16, 82
Parfum 5, 63
Paria 16, 52
parieren 16, 77
Park 7, 5
Parlament 16, 102
Parodie 15, 2
parodieren 16, 54
Partei 16, 17; 19, 27
parteiisch 19, 20
Partie 16, 6
partikularistisch 12, 55
Partitur 15, 10
Paß 8, 25; 16, 25
Passagier 16, 5; 16, 6
passé 1, 19
passen 2, 59; 3, 27; 9, 48
passieren 4, 44
Passion 11, 2
passiv 9, 19; 11, 8
passiv (passiv bleiben) 9, 19
Pastinak 7, 2
Pastor 20, 17
patent 11, 17
pathetisch 13, 43
Patient 7, 41
Patrizier 16, 91
Patron 9,75; 16, 41
Patsche (sitzt in der Patsche) 9, 55
Pauke 15, 14
pauken 12, 33; 12, 35
Pause 1, 15; 2, 36; 8, 2; 9, 24; 9, 36
pausieren 2, 36; 9, 33; 9, 36
Pazifist 16, 48
Pech 5, 14; 5, 51; 5, 52; 5, 53; 9, 50; 9, 55; 9, 78
Pech (Pech haben) 4, 47; 9, 50; 9, 78
Pechvogel 4, 47; 9, 53; 9, 78; 11, 13
Pedant 11, 25; 16, 33
pedantisch 11, 29; 11, 32; 12, 55
Pegasus 14, 2
Pein 4, 47; 11, 13; 11, 14
peinigen 11, 14; 11, 60; 16, 79; 19, 9
peinlich 9, 42; 11, 14; 11, 27
Peitsche 9, 12; 16, 78
peitschen 16, 78
pekuniär 18, 21

Pelz 2, 20; 17, 9
Pendel 1, 33; 8, 33
pendeln 2, 17; 8, 33
penibel 12, 55
pensionieren 8, 17; 16, 105
Pensionierung 9, 85
Pentade 3, 39
Perfidie 19, 8
Peripherie 2, 18
periskopisch 10, 16
Perle 9, 56; 9, 64; 16, 85
Perlen (P. vor die Säue) 9, 51; 9, 56; 9, 86
perlen 5, 59
Perlmutter 5, 23
perplex 11, 30
Person 7, 13
persönlich 16, 67
persönlich (p. werden) 16, 53
Perspektive 5, 2
pervers 4, 20; 4, 21; 12, 57; 16, 44
Pessimist 11, 41
pessimistisch 11, 41
Pest 4, 42
Petersilie 7, 2
Petroleum 5, 5; 5, 38; 5, 52
Pfad 8, 11
Pfaffe 20, 17
Pfand 16, 23; 16, 113; 19, 16
pfänden lassen 19, 16
Pfandhaus 18, 16
Pfarrer 16, 60; 20, 17
Pfarrgemeinde 20, 22
Pfau 16, 88
Pfeffer 7, 2; 10, 1
pfeffern 5, 68; 7, 28
pfeifen (pfeifen auf) 9, 5; 11, 37
Pfeifen 5, 32; 16, 34
Pfeiler 2, 16; 15, 7; 17, 2
Pfennigfuchserei 18, 11
Pferd 7, 9
Pferdestärke (PS) 4, 35
Pfirsisch 7, 2
Pflanze 7, 1
pflanzen 2, 3; 7, 1; 7, 5
Pflanzung 7, 5
Pflaster 7, 44
Pflaume 7, 2; 16, 54
Pflege 4, 43; 9, 70
pflegen 9, 31; 9, 70
Pfleger 9, 70
Pflicht 9, 22; 9, 40; 16, 107; 19, 24
Pflichtenkreis 9, 22
Pflichterfüllung 16, 114
pflichteifrig 16, 114
pflichttreu 19, 3; 19, 24
pflicht(ge)treu 19, 1
Pflichtvergessenheit 16, 28; 16, 116
Pflock 2, 58
pflücken 7, 5; 3, 34
Pflug 7, 5
pflügen 2, 44; 7, 5
Pförtner 16, 60; 16, 101; 16, 112
Pfosten 17, 2
pfropfen 8, 26
pfui 11, 59; 16, 33
Pfund 5, 41
pfuschen 9, 43
Pfuscher 9, 53
Pfütze 3, 15; 9, 67
Phänomen 5, 2; 11, 30
Phantasie 12, 4; 12, 21; 12, 28; 13, 41; 14, 2; 16, 119
Phantast 12, 28
phantastisch 3, 50; 11, 29; 12, 28; 12, 29
Phantom 2, 5
Pharisäer 20, 14
Philanthrop 11, 51
Philister 11, 8; 11, 12; 11, 16; 11, 26; 12, 55
Philologe 13, 12
Philosoph 12, 32
Phlegma 11, 8; 11, 37
phlegmatisch 8, 8; 9, 19; 9, 41; 11, 8
Phonetik 5, 24
Phönix 11, 30
Phosphor 6, 26
photographieren 15, 8
Phrase 9, 13; 13, 18; 15, 11; 16, 38
Phrasendrescherei 13, 18
Physik 4, 35; 5, 41; 6, 20
piano 5, 27
Piek (Piek haben) 11, 62
piepe 9, 45; 11, 37
pikant 10, 8
Pilot 16, 7; 16, 96
Pilze 7, 2
Pimpinelle 7, 2
Pinie 7, 2
Pinsel 15, 4
Pionier 9, 26
Pirat 18, 6; 18, 9
Pistole (Pistole auf die Brust setzen) 16, 68
pladdert 6, 8
Plage 11, 13; 11, 14; 11, 26
plagen 11, 14; 11, 60; 16, 79
plagen (sich plagen) 9, 38; 9, 40
Plagiat 18, 9
plagiieren 4, 18
Plakat 15, 4
Plan 2, 51; 3, 18; 9, 14; 9, 15; 9, 25; 9, 26; 12, 42; 13, 1; 13, 9; 15, 1
planen 9, 14; 9, 15; 12, 3
Planet 6, 2
planlos 2, 38
planmäßig 3, 41
planvoll 2, 37
plappern 13, 22
Plastik 15, 9
plastisch 15, 9
Platane 7, 2
plätschern 5, 55
platt 2, 12; 2, 51; 3, 13; 11, 26
Platte 3, 43; 15, 5
Platz 2, 2; 6, 11; 6, 15; 9, 22; 16, 2; 16, 85
platzen 2, 57; 3, 3; 4, 36; 5, 29; 5, 47
platzen (vor Wut pl.) 11, 31
platzen, vor 3, 21
Platzregen 6, 8
plaudern 13, 5; 13, 21; 13, 22; 13, 30
plebejisch 11, 29; 16, 94
Pleite 9, 50; 9, 78; 18, 19
plötzlich 1, 35; 2, 47; 11, 6; 12, 45
plump 9, 53; 11, 28; 11, 29
Plunder 9, 45
plündern 4, 42; 18, 6; 18, 15
plus 3, 28
Plüsch 17, 8
Pöbel 16, 94
Poesie 14, 2
poetisch 12, 28
Pogrom 11, 60
Pökel 5, 68
Pökelfleisch 4, 43
Polemik 12, 14; 12, 48
polemisieren 16, 67; 16, 70
polieren 9, 57; 11, 17; 15, 17
Politik 12, 53
politisch 16, 38
Politur 2, 52
Polizei 16, 99; 19, 29
Polizist 16, 60
Polster 5, 50
Polterabend 1, 11
poltern 5, 26; 5, 30
polygam 16, 14
Polygamie 16, 11
pomadig 1, 36
Pomp 17, 10
pompös 15, 7
populär 13, 33; 16, 31
Popularität 16, 85
porös 3, 34; 5, 48
Porree 7, 2
Portemonnaie 18, 21
Portier 2, 58; 16, 101
Portion 3, 17; 3, 42; 18, 2
Porto 14, 8
positiv 13, 28
Posse 11, 21; 11, 23; 11, 24
Possenreißer 11, 23; 16, 54; 16, 55
possierlich 11, 23
Post 13, 2; 13, 7; 14, 8
Posten 9, 22; 16, 85; 18, 21
potent 16, 95
Potenz 7, 6
potztausend 11, 30

poussieren 11, 53; 16, 38; 16, 115
Pracht 11, 17; 13, 43; 16, 85; 16, 88
Prachtexemplar 9, 64
prächtig 15, 7; 16, 88
prachtvoll 9, 56; 11 17
prägen 18, 21
prägnant 13, 17; 13 39
prahlen 11, 45; 13, 51; 13, 52; 16, 89
praktisch 9, 48; 9, 52; 12, 52
prangen 16, 85; 16, 88
Pranger 16, 93
Pranger (an den Pr. stellen) 16, 93
Praesens 1, 16
präsentieren 16, 30
Präsident 16, 96; 16, 97; 16, 98
prassen 11, 11; 18, 14
Prasserei 10, 11
Praeteritum 1, 11
Praxis 9, 25; 9, 52
präzis 13, 17
predigen 20, 16
Prediger 12, 33
Predigt 13, 9; 13, 21; 14, 10; 20, 16
Preis 9, 56; 11, 54; 16, 31; 16, 46; 18, 22; 18, 23
Preis (um jeden Pr.) 4, 6
Preis (den Pr. davontragen) 9, 77
Preise (gesalzene Pr.) 18, 27
preisen 16, 87
Preisgabe 9, 20
preisgeben 13, 6
Preißel-, Kronsbeere 7, 2
Preissenkung 18, 28
preiswert 18, 28
prellen 8, 9; 13, 4; 16, 72; 18, 8
Première 14, 3
pressen 3, 5; 3, 7; 3, 11; 17, 15
Prestige 16, 95; 16, 97
priemen 7, 34
Priester 16, 60; 20, 17
prima 9, 56
primitiv 15, 3; 16, 120
Prinz 16, 9; 16, 91; 16, 98
Prinzip 4, 19
Prise 3, 24
Prisma 10, 16
Privatleben 16, 52
Privileg 19, 19; 19, 22
Probe 9, 28; 12, 9; 13, 46
probeweise 9, 28
probieren 9, 28; 10, 7; 12, 9
Problem 12, 5; 12, 8
problematisch 4, 7; 12, 8; 12, 23; 13, 4
Produkt 4, 34; 4, 39
produzieren 4, 39
Professor 12, 32; 12, 33; 13, 44; 16, 60; 16, 86
Professor (zerstreuter Professor) 12, 13
Profi 16, 60
Profil 2, 18
Profit 9, 47; 18, 5
Prognose 12, 43
Programm 9, 15
Projekt 9, 14; 9, 15
Proletariat 18, 4
Prolet(arier) 16, 94
prominent 16, 85
prompt 1, 35; 9, 39; 16, 26
Propaganda 12, 22; 16, 21; 16, 95
propagieren 16, 21
prophezeien 12, 43
Prosa 11, 26; 14, 4
prosaisch 11, 26; 14, 4
prosit 16, 87
Prosit 16, 38
prostituiert 16, 44
Protektion 9, 75
Protest 16, 65; 16, 106
protestieren 12, 48; 16, 27; 16, 65
Protokoll 14, 9; 19, 27
protzen 11, 45; 16, 89
provisorisch 1, 15; 12, 29
Prozedur 9, 18
Prozeß 9, 25; 16, 67; 19, 27
Prozeß (kurzen Pr. machen) 9, 6
prozessieren 19, 27
Prozession 2, 35
prüde 11, 49; 16, 50; 16, 51
prüfen 9, 28; 10, 15; 12, 3; 12, 8; 12, 9; 12, 23; 12, 33
Prüfung 9, 28; 12, 9; 12, 33; 12, 36
Prügel 17, 11
prügeln 16, 78
Prunk 13, 43; 16, 88
prunken 16, 85; 16, 88
Pseudo- 12, 27
pseudonym 13, 19
Publikum 16, 16
Pudel (begossener P.) 16, 93
Pufferstaat 2, 25
Pullover 17, 9
Puls 8, 33
Puls (P. fühlen) 12, 9
Pulver 5, 49
Pumpe 5, 55
Punkt 2, 2; 6, 11; 13, 1
Punkt (wunder P.) 11, 14
pünktlich 1, 35; 12, 26; 16, 108
Puppe 11, 53; 15, 1; 15, 9
Puppen (in die P.) 3, 40
Püree 5, 51
puritanisch 11, 12
Purpur 5, 22
purpurn 5, 17
pürschen 7, 12
purzeln 8, 31
Pußta 6, 13; 17, 1
pusten 5, 60
Pute 11, 28; 11, 45
Putsch 4, 27; 16, 116
Putz 16, 88
putzen 9, 66; 11, 17; 15, 7
putzen (sich p.) 17, 10
putzig 11, 24
Pythia 13, 34

Q

quaken 5, 31; 5, 33
Qual 4, 47; 11, 13; 11, 14; 11, 26
quälen 11, 14; 11, 60; 16, 79; 19, 9
Quartett 3, 39; 15, 11
Quartier 8, 2; 16, 1; 17, 1
Quasi- 12, 29
Quatsch 11, 24; 11, 29; 12, 19; 12, 56; 12, 57; 13, 18
quatschen 13, 22
Quecksilber 4, 25
Quendel 7, 2
Quelle 5, 55; 9, 29; 9, 82
Quer- 2, 15
queren 8, 25
querfeldein 8, 25
Querkopf 9, 8; 12, 57
Querulant 16, 20
quittieren 13, 1; 18, 26
quitt sein 3, 27
Quittung 16, 26; 18, 18
Quote 3, 42; 18, 2; 18, 26

R

Rabatt 3, 30; 18, 28
Rabatte 7, 5
rabiat 11, 31
Rache 16, 80; 16, 81
rächen 16, 81
Rachgier 11, 31
Rachsucht 16, 81
rachsüchtig 11, 62
Rad 2, 47; 8, 32; 17, 16
Radau 5, 26
radebrechen 13, 32
Rädelsführer 16, 96
Radfahrer 16, 115
radikal 9, 6; 9, 8
Radler 16, 6
raffiniert 12, 53
Raffke 12, 37
ragen 2, 11; 3, 12
ragend 3, 12
Ragout 6, 21
Rahmen 2, 23; 2, 24
rahmen 2, 23
Rakete 8, 28
Ramme 8, 9
Rang 16, 85; 16, 91
Rangordnung 16, 91
rank 3, 11; 5, 45
Ränke 12, 53; 16, 72
ranzig 5, 64; 10, 9
Raps 7, 2
Rapunzel 7, 2
rasch 8, 7; 9, 52; 11, 6; 11, 39
rascheln 5, 32
rasen 4, 36; 8, 7; 11, 31
rasend 11, 5
Raserei 11, 31
rasieren 2, 52
räsonnieren 11, 27; 13, 22
Rasse 16, 18
rasseln 5, 30; 5, 31
rassig 11, 17
Rast 9, 33; 9, 36
rasten 8, 2; 9, 36
rastlos 8, 1; 9, 38
Rat 13, 9
Rate 18, 2; 18, 26
raten 9, 70; 13, 9
Ratgeber 13, 9
ratifizieren 19, 14; 19, 19
Ration 3, 42
ratlos 9, 7; 9, 55
ratsam 9, 48; 13, 9
Rätsel 12, 8; 13, 4
rätselhaft 13, 35
Raubtiere 7, 9
rauben 18, 6
Räuber 18, 6; 18, 9
Rauch 5, 60; 9, 45
rauchen 7, 34
räuchern 5, 63
Räucherwerk 5, 63
Raufbold 16, 74; 16, 90
raufen 16, 70
rauh 2, 53; 5, 31; 11, 28; 16, 53; 16, 108
Rauheit 16, 53
Raum 2, 1; 16, 119; 17, 2
räumen 8, 24
räumlich 2, 1
Rausch 7, 32; 11, 5; 11, 9
rauschen 5, 30; 5, 55
re- 8, 17
Re- 8, 17
Reaktion 4, 30; 9, 72
real 6, 20
realistisch 15, 3
Realität 12, 26
Rebell 16, 116
rebellisch 16, 65
rechnen 3, 35; 11, 35; 12, 12; 12, 22; 12, 35; 12, 41
Rechnung 18, 17
Rechnung begleichen 18, 18
Recht 16, 119; 19, 22
Recht (allgemeines R.) 19, 19
Recht und Billigkeit 19, 18
Recht (das R. beugen) 19, 23
recht (erst recht) 9, 72; 16, 65
rechtfertigen 16, 47
Rechthaber 16, 90
rechthaberisch 16, 67
rechtlich 19, 19; 19, 22
rechtlos 16, 36; 16, 111; 16, 116
rechtmäßig 19, 18
rechts 2, 31
Rechtsanwalt 13, 9; 16, 60; 19, 28
Rechtsbruch 19, 23
rechtschaffen 19, 3
Rechtschaffenheit 19, 1
Rechtschreibung 14, 5
rechtzeitig 1, 35; 1, 37
recken, sich 3, 12
Rede 13, 21; 13, 24
Rede (nicht der R. wert) 3, 24
reden 13, 3; 13, 13; 13, 21; 13, 30
redlich 11, 46; 19, 3
Redner 13, 21; 13, 22
redselig 13, 2; 13, 22; 13, 30
Reede 8, 5
Reflex 5, 4
Reform 9, 57
Reformator 9, 57
Refrain 14, 2
Regal 17, 4
rege 9, 38
Regel 4, 19; 16, 106
regelmäßig 1, 7; 1, 33; 2, 37; 4, 19
Regelmäßigkeit 2, 59
regeln 1, 33; 2, 37; 2, 59; 9, 57; 16, 96
Regen 6, 8
Regen (vom R. in die Traufe) 9, 55
Regenbogen 5, 23
Regent 16, 98
regieren 16, 96; 16, 97
Regierung 16, 96; 16, 97
Regiment 16, 97
reglos 8, 2
reiben 2, 53
reibungslos 9, 54
Reich 6, 15; 16, 19; 16, 97
reich 13, 43; 18, 3
reichen bis 3, 6
reichlich 3, 20; 3, 22
Reichsinsignien 16, 100
Reichskanzler 16, 99
Reichsverweser 16, 96; 16, 99
Reichstag 16, 102
Reif 2, 47
reif 9, 26; 9, 64; 12, 3; 12, 52; 15, 3
Reife 7, 23
reifen 6, 9; 7, 1
Reigen 8, 29
Reihe 2, 35
Reim 4, 17; 13, 13; 14, 2
rein 6, 22; 9, 56; 9, 66; 11, 17; 11, 18; 11, 46; 13, 40; 13, 49; 16, 50
Reineclaude 7, 2
reinfallen 12, 46
Reinheit 19, 4
reinigen 6, 22; 9, 57; 9, 66
Reinigung 19, 26
reinlich 9, 66
reinrasseln 18, 8
reinrassig 6, 22
Reise 16, 6; 16, 55
Reisebuch 16, 6
reisen 8, 1; 16, 6
Reisender 16, 5; 16, 6; 16, 60
Reißaus (R. nehmen) 11, 42
reißen 10, 1
reifen 8, 1; 16, 6
Reiz 11, 10; 11, 36; 11, 53; 12, 4
reizbar 11, 7; 11, 13; 11, 58; 16, 53
Reizbarkeit 16, 53
reizen 4, 36; 9, 12; 11, 5; 11, 14; 11, 31; 11, 36; 11, 53
reizend 11, 10; 11, 17; 11, 53
reizlos 11, 28; 11, 37
Reklamation 16, 106
Reklame 16, 21; 16, 31
Rekord (den R. brechen) 3, 50
Relief 3, 12; 15, 9
Religion 20, 1
Reliquie 3, 32
Renaissance 4, 40; 9, 58
renitent 16, 116
rennen 8, 7
renommieren 11, 45; 16, 89

renovieren 9, 57
rentabel 18, 5
Rente 18, 26
rentieren 9, 47; 18, 5
reparieren 9, 58
Reportage 11, 29
Reporter 14, 9
reproduzieren 4, 18
Reptilien 7, 9
Republik 16, 19; 16, 97
requirieren 18, 6
Resede 7, 2
Resignation 9, 9; 11, 37
resignieren 11, 8
Resonanz 5, 25
Respekt 16, 30; 16, 85
respektlos 16, 34
restlich 3, 32
Resultat 4, 34
retten 16, 118
Rettich 7, 2
Rettung 16, 118
Revolte 16, 65; 16, 116
Revolution 4, 24
Revolutionär 16, 116
Revolver 17, 12
Reue 9, 9; 19, 5
rhythmisch 15, 16
Rhythmus 1, 33; 14, 2; 15, 10
richten (einrichten) 9, 21
Richter 12, 49; 16, 60; 16, 99; 19, 28
richtig 12, 14; 12, 26
Richtschnur 4, 19; 12, 9; 12, 17; 13, 9; 16, 106
Richtstätte 19, 27
Richtung 6, 11; 13, 17
Richtweg 8, 11; 9, 79
riechen 5, 62; 5, 64; 10, 6
riechen (nicht riechen können, Abneigung) 11, 62
Riecher 12, 1; 12, 20
Riedgras 7, 2
Riegel 2, 58; 16, 117
Riegel (Riegel vorschieben) 16, 65
Riese 3, 2; 3, 12
rieseln 5, 55; 5, 57
riesig 3, 12; 3, 50; 4, 35
Riff 3, 12; 6, 16; 6, 17; 9, 74
Rind 7, 9
Rindvieh 12, 56
Ring 2, 24; 2, 47; 16, 16; 16, 17
ringen 9, 40; 9, 55; 16, 70
rings 2, 24
Rinne 2, 49
rinnen 8, 24
riskieren 11, 38
Riß 16, 67
Ritter 11, 53
Ritter (Ritter ohne Furcht) 11, 38
ritterlich 11, 38; 16, 73
Ritterlichkeit 16, 38
Rivale 16, 65
rivalisieren 16, 70
roden 7, 5
Roggen 7, 2
roh 9, 53; 11, 28; 11, 29; 11, 60; 11, 61; 12, 37; 16, 53; 16, 94
Roheit 11, 61; 16, 90
Rohr 7, 2
Röhre, die (südd.) 5, 37
Rohrkolben 7, 2
Rokoko 15, 3
Rolle 14, 9; 17, 16
Rolle (spielt keine Rolle) 9, 45
Rolle (eine R. spielen) 9, 18
rollen 2, 50; 8, 32; 8, 33
Roman 13, 51; 14, 1
romantisch 14, 2
röntgen 12, 8
rosa 5, 17
Rose 16, 85
Rosmarin 7, 2
Rost 2, 20; 9, 61
rosten 9, 61
rösten 5, 39
rot 5, 17
Rothaut 5, 16
rotieren 8, 32
Rotz 7, 35
Rüben 7, 2
Rubin 5, 17
Rubrik 3, 47
ruchbar 13, 6
ruchlos 19, 8
Ruck 4, 27; 4, 36; 8, 34
Rück- 4, 30
Rücken (den R. kehren) 2, 27
Rückfall 9, 62
rückfällig 3, 37; 4, 30
Rückgabe 18, 18
Rückprall 8, 10
Rücksicht (R. nehmen) 16, 109
rücksichtslos 11, 61; 16, 53; 19, 7
rücksichtsvoll 11, 52
rückständig 3, 32; 18, 17; 18, 19
Rücktritt 9, 20; 16, 105
Rückversicherung 19, 16
rückwärts 2, 27; 8, 17
ruckweise 1, 32
Rückwirkung 9, 72
Rudel 3, 17
rudern 8, 5; 16, 7
Ruf 13, 1; 16, 30; 16, 85; 16, 106
Ruf (den guten Ruf antasten) 16, 35
rufen 13, 13; 15, 12
Ruhe 4, 38; 5, 28; 7, 36; 9, 33; 9, 41; 11, 44; 16, 40; 16, 48
Ruhe (zur Ruhe bringen) 9, 36
ruhelos 4, 25
ruhen 2, 16; 8, 2; 9, 33; 9, 36
Ruhestand 16, 105
ruhig 8, 2; 9, 36; 11, 8; 11, 47; 16, 48
Ruhm 9, 77; 16, 31; 16, 85
rühmen 13, 6; 16, 31
rührselig 11, 32
Ruin 4, 42
ruinieren 4, 42; 9, 63; 9, 77; 11, 28; 18, 4
ruiniert 4, 47
rümpfen (die Nase rümpfen über) 11, 19; 11, 59; 16, 36
rund 2, 47; 2, 50
runden 2, 47
Rundfunk 5, 24; 13, 2
Rundfunkgerät 15, 14
Runzel 2, 45
runzeln 11, 31
runzeln (die Stirn runzeln) 11, 32
Rüpel 11, 29
Ruß 9, 67
rüsten 9, 26; 17, 11
Rüstung 16, 77; 17, 9; 17, 14
Rute 16, 78

S

Saal 17, 2
Säbel 17, 11
Säbelrasseln 16, 68
Sache 4, 1; 12, 5
Sache (bei der Sache sein) 12, 7
Sachlage 4, 12
sachlich 12, 14; 13, 33; 19, 18
Sack 17, 7
Sackgasse 2, 58
säen 7, 1; 7, 5; 8, 22
Safran 7, 2
saftig 5, 54; 5, 57
sagen 13, 2; 13, 3; 13, 21; 13, 28
Sahne (nordd.) 5, 51
Sakrament 20, 16
Sakrileg 20, 4
Salamander 7, 9
Salat 7, 2
Salbaderei 13, 22
Salbei 7, 2
salben 5, 52
salbungsvoll 13, 43
Saldo 3, 32
Salonheld 16, 115
salopp 11, 29

Salpeter 5, 68
Salve 5, 29; 16, 76
Salz 5, 68; 7, 28
salzen 7, 28
sammeln 3, 41; 8, 21
Sammelsurium 6, 21
Sammet 2, 54
Sammlung 3, 17
samt 3, 28; 3, 33; 3, 37
Sand 5, 48; 5, 49; 6, 14
Sand (S. in die Augen streuen) 9, 13; 16, 72
Sandelholz 7, 2
sandig 5, 49
Sandkorn 3, 4
Sandstein 6, 14
sanft 2, 54; 4, 38; 5, 27; 11, 48; 11, 50; 13, 13; 16, 38; 16, 47; 16, 48; 16, 109
Sänger 15, 12
Sarg 7, 48
sarkastisch 11, 23; 16, 33
Satan 19, 9
satanisch 20, 9
Satire 11, 23; 16, 33; 16, 35; 16, 54
satirisch 11, 24
satt 10, 14
satt (etwas satt haben) 11, 13
sättigen 10, 14
Sattler 16, 60
Satz 13, 20; 13, 28; 15, 11
Satzbiegung 13, 37
Satzteil 13, 31
Satzung 12, 17; 12, 22; 19, 19
sauber 9, 66; 11, 17
säubern 9, 66
sauer 5, 67
sauer (sauer werden) 9, 55
Sauerampfer 7, 2
Sauerstoff 5, 60
saufen 7, 30; 7, 31
Säugetiere 7, 9
Säugling 7, 22
säumen 1, 36; 8, 8
säumig 16, 28
saumselig 9, 24
sausen 5, 30; 8, 7
säuseln 5, 27
schaben 2, 53
schäbig 18, 11
Schablone 2, 37; 4, 18; 4, 19
Schach 16, 56
Schach (in Schach halten) 9, 73
schachern 18, 20
Schacht 3, 14; 6, 23
Schachtelhalm 7, 2
schade 11, 32
schaden 9, 50
Schaden 9, 50; 9, 63; 18, 15
Schadenersatz 16, 46; 19, 32
Schadenfreude 19, 9
schadenfroh 16, 53; 16, 54
schadhaft 9, 65
schädigen 9, 50; 11, 14; 11, 60
schädlich 9, 50; 9, 63
Schaf 7, 9
Schäfchen (sein Sch. ins Trockene bringen) 19, 7
schaffen 4, 31; 4, 39; 9, 18; 9, 22; 12, 21; 12, 28
Schaffot 19, 32
Schafgarbe 7, 2
Schafskopf 9, 53; 12, 56
-schaft (Körpersch.) 16, 16
schal 10, 9; 11, 26
Schale 2, 20
Schalk 11, 23
Schall 13, 13
Schall (Schall und Rauch) 11, 45
schallen 5, 24; 5, 25
Scham 11, 48; 11, 49; 16, 50
schamlos 16, 36; 16, 44; 16, 90; 16, 93; 19, 8
Schamlosigkeit 16, 44; 16, 90
Schande 16, 34; 16, 93
schänden 9, 86; 16, 35; 16, 93
Schandfleck 16, 93
schändlich 11, 14; 16, 93; 19, 8; 19, 9
Schanze 16, 56; 16, 77
Schar 16, 74
scharenweise 3, 20
scharf 2, 55; 5, 67; 5, 68; 9, 37; 10, 9; 13, 33; 16, 33; 16, 108
scharf (scharf auf) 11, 36
schärfen 2, 55
Schärfe 13, 41
Scharfrichter 19, 32
Scharfsinn 12, 42
scharfsichtig 10, 15
scharmant 11, 10
schartig 2, 56
scharwenzeln 16, 115
Schatten 1, 8; 5, 6; 5, 7; 12, 27; 15, 4
Schatz 3, 18; 9, 64; 11, 53; 16, 42; 18, 21
-schatz 3, 17
schätzen 9, 44; 12, 11; 12, 12; 16, 30; 16, 85
Schau 5, 1; 5, 2
Schauder 10, 5; 11, 42
schauderhaft 11, 42; 11, 62
schaudern 8, 34
schauen 10, 15; 12, 7
Schauer 6, 8; 10, 5
Schaufel 17, 15
Schaukel 16, 56
schaukeln 8, 33
Schaum 5, 59
schäumen 5, 59
Schauplatz 10, 15
Schauspiel 14, 3; 16, 55
Schaustellung 16, 88
Scheck 18, 30
Scheffel 3, 19
Scheibe 2, 50; 3, 13
Scheibenhonig 12, 46
Scheidelinie 2, 23; 3, 34
scheiden 3, 34
scheiden (sch. lassen) 16, 15
Schein 13, 1; 13, 46; 13, 51; 16, 72
scheinbar 12, 27
scheinen 5, 2; 5, 4; 12, 22
scheinheilig 13, 51; 16, 51
Scheinwerfer 5, 5
Scheinwissen 12, 37
Scheiße 4, 47; 5, 64
scheitern 9, 61; 9, 78
Schelte 16, 33
schelten 16, 33; 16, 37; 16, 67
Schema F 9, 31
schenken 16, 22; 18, 12
Schere 2, 55; 17, 15
scheren 3, 11
Scherge 19, 29
Scherz 11, 21; 11, 22; 11, 23
scherzen 11, 21; 11, 22; 11, 23; 16, 55
scheuen 9, 20; 11, 42
scheuern 2, 53; 9, 66
Scheune 3, 18
Scheunen-Drescher (hungrig wie e. Sch.-Dr.) 10, 11
scheußlich 11, 28
Scheusal 11, 28; 11, 59
Schicht 3, 43; 16, 91
schick 11, 17
schicken 8, 3
Schicksal 4, 45; 9, 3; 9, 16; 11, 14
schickt sich 19, 18
Schieber 16, 72; 18, 8
Schiebung 18, 8; 18, 23
Schiedsgericht 16, 49
Schiedsrichter 13, 9; 16, 49; 16, 70; 19, 28
Schieds(richter)-spruch 19, 17
schief 2, 60
schielen 10, 17
Schiene 8, 11
schießen 17, 12
Schiff 8, 5; 16, 7
Schiffahrt 16, 7
Schiffbruch 4, 42; 9, 78
Schiffbruch (Sch. leiden) 9, 78
Schiffer 16, 99
Schikanen 16, 72
schikanieren 11, 60; 16, 79
Schild 9, 75; 9, 76; 13, 1; 16, 71; 16, 77

Schildbürger 11, 23
schildern 14, 1
Schilf 7, 2
schillern 5, 23; 9, 9; 13, 34
Schimmel 10, 9
Schimmer 5, 4; 12, 32; 12, 37
Schimmer (keinen Sch.) 12, 37
schimpfen 16, 33; 16, 37; 16, 67; 16, 93; 19, 9
schimpflich 16, 33
Schimpfwort 16, 37
Schimpfwörter 16,33
schinden 9, 40; 11,60
schinden (sich sch.) 9, 38; 9, 40
Schindluder 16, 54
Schirm 16, 77; 16, 95
Schiß 11, 42
Schlacht 16, 73
Schlacke 9, 67
Schlaf 9, 36; 9, 41
schlafen 7, 36; 12, 13
schlaff 5, 48; 5, 50; 9, 19; 9, 24; 9, 41; 16, 110
Schlafmütze 8, 8
Schlaftrunk 4, 38
Schlag 4, 8; 16, 70
Schlag (harter Schl.) 12, 46
Schlag (Schl. auf Schl.) 1, 34
schlagen 5, 31; 8, 9; 11, 14; 16, 73; 16, 76; 16, 78; 16, 84
schlagend 13, 46
Schlager 11, 23; 16, 31; 16, 85
Schlägerei 16, 67; 16, 70
schlagfertig 11, 23; 13, 22
Schlagkraft 12, 14
Schlagseite 2, 13
Schlagwort 11, 23; 13, 18; 13, 20
Schlamassel 9, 55
Schlamm 5, 51
Schlampe 11, 29
Schlamperei 9, 43; 9, 67
Schlange 2, 35; 11, 60; 19, 9
schlängeln, sich 2, 46
Schlangen 7, 9
schlank 3, 11
schlapp 5, 48; 5, 50; 9, 24; 11, 15; 16, 110
schlappmachen 7, 39; 11, 15
Schlappschwanz 4, 37; 9, 7
schlau 9, 25; 9, 52; 11, 40; 12, 53
Schlauch 5, 56
Schlauheit 11, 40
Schlaumeier 12, 53
schlecht 9, 60; 11, 14; 11, 15; 16, 53
schlecht (schl. behandeln) 19, 9
schlecht (schl. und recht) 9, 59
schlechthin 3, 41
Schlehdorn 7, 2
schleichen 5, 27; 8, 8; 13, 4; 16, 71
Schleicher 19, 8
Schleier 5, 9; 13, 4
Schleier (Schl. vor den Augen) 10, 17
Schleife 2, 46; 2, 47; 3, 33
schleifen 2, 55; 8, 14; 16, 79
Schleim 5, 51
schleimig 5, 51
schlemmen 10, 11; 11, 11
Schlemmer 7, 26; 10, 10; 18, 14
Schlendrian 8, 8; 9, 36
schlenkern 8, 33
Schleuse 5, 56
Schlich 9, 15; 12, 53
schlicht 11, 46; 11, 47; 13, 33; 13, 40; 15, 3; 16, 94
schlichten 16, 48; 16, 49; 19, 27
Schlichtung 16, 24
schließen 12, 14; 12, 16; 13, 46
schließlich 9, 35
Schliff 16, 61
schlimm 9, 55; 11, 14; 11, 28; 11, 29; 11, 59
Schlinge 2, 46; 2, 47; 3, 33; 9, 55; 9, 74; 16, 117
schlittern 16, 56
Schloß 16, 117; 17, 1
Schlosser 16, 60
schluchzen 5, 34; 11, 33
Schluß 9, 33; 12, 14
Schluß (Schl. machen) 9, 33
Schlüssel 2, 57; 12, 15; 13, 44
Schmach 11, 31; 16, 34; 16, 36; 16, 93
schmähen 16, 33; 16, 35; 16, 67; 16, 93
schmal 3, 9; 3, 11
Schmalz 5, 52
Schmarotzer 16, 112
Schmaus 11, 10
schmausen 16, 55
schmecken 5, 65; 10, 7; 10, 8
schmeicheln 11, 10; 11, 45; 16, 31; 16, 32; 16, 43
schmelzen 4, 26; 5, 50; 5, 54
schmerbäuchig 3, 10
Schmerz 11, 13; 11, 14
Schmerzensgeld (Schm. zahlen) 16, 46
schmerzlich 11, 13; 11, 14
schmerzlos 10, 3
Schmetterlinge 7, 9
Schmied 16, 60
schmiegsam 9, 54
Schmiere 5, 52
schmieren 5, 52; 16, 78
Schmierfink 9, 67
schmierig 2, 52; 9, 67
Schminke 2, 20
Schmöker 14, 11; 16, 72
schmollen 16, 53
Schmollwinkel 11, 27
schmoren 5, 39; 10, 4
schmuck 11, 17
Schmuck 15, 7
schmücken 11, 17; 15, 7
Schmucksache 17, 10
schmuggeln 19, 20
schmunzeln 11, 22
Schmutz 9, 45; 9, 67; 16, 44
schmutzig 9, 67; 11, 14; 11, 28; 11, 29; 16, 44
Schnalle 2, 58
schnalzen 5, 32; 5, 33
Schnaps 7, 31
schnarchen 5, 30; 5, 31; 5, 34
schnarren 13, 14
schnattern 5, 33; 13, 22
Schnauze 7, 16; 16 89
Schnee 5, 40; 6, 9
Schnee (von Eiweiß) 5, 59
Schneeglöckchen 7, 2
Schneid 9, 6; 11, 38
schneiden 2, 55; 3, 34; 7, 5; 11, 14; 12, 27; 12, 38; 16, 34; 16, 52
Schneider 16, 60
schneidig 9, 6; 11, 38
schneien 6, 9
schnell 8, 7; 9, 38; 9, 39
Schnellkraft 5, 45; 8, 29
Schnippchen (Schn. schlagen) 12, 53
schnippisch 16, 53
Schnitt 16, 61
Schnitte 3, 42
Schnittlauch 7, 2
schnöde 11, 55
schnüffeln 5, 32
schnupfen 7, 34
Schnur 3, 33
Schnurre 11, 23
schnurren 5, 33
Schock 3, 39; 11, 42
Schöffe 16, 99; 19, 28
Scholle 6, 13
schön 9, 56; 11, 10; 11, 17; 16, 24
schön (schön tun) 16, 51
schonen 16, 25; 16, 109
schönfärben 11, 17
Schönheit 11, 17
Schopfe, beim 1, 37
Schöpfer 4, 39

schöpferisch 9, 52; 12, 21; 12, 30; 12, 52; 14, 2
Schöpfung 4, 39; 6, 1
Schornstein 5, 61; 17, 2
Schornsteinfeger 16, 60
Schoße (liegt im Sch. der Zeiten) 1, 23
schräg 2, 13
Schrank 17, 4
Schranke 9, 73
Schranze 16, 32
Schraube 8, 32; 17, 16
Schreck 11, 30
schrecken 16, 68; 16, 90
schrecklich 3, 50; 4, 47; 11, 14; 11, 28; 11, 42
schreiben 14, 5; 14, 8
Schreiber 16, 60
Schreibzeug 14, 5
schreien 5, 26; 5, 31; 5, 33; 5, 34; 13, 13
schreiten 11, 25
Schrift 13, 1; 14, 5; 14, 6; 14, 11
schriftlich 14, 5; 14, 8
Schriftsteller 12, 32; 14, 11; 16, 60
Schriftstück 13, 2
schrill 5, 26; 5, 31; 15, 17
Schritt 16, 49
Schritt für Schritt 2, 37
Schritt (auf Schr. und Tritt) 1, 31; 2, 7
schroff 16, 53
Schrubber 9, 66
schrumpfen 3, 5
schüchtern 11, 42; 11, 43
Schuft 16, 72; 16, 94; 19, 9; 19, 10
schuften 9, 38; 9, 40
Schuh 17, 9
Schuhe 16, 6
Schuhmacher 16, 60
Schuld 16, 113; 18, 17; 19, 11; 19, 25
schuldbewußt 19, 11
Schuldbewußtsein 19, 5
schulden 16, 113; 18, 17
Schuldforderung 18, 17
schuldig 18, 17; 19, 31
Schuldigkeit 19, 24
schuldlos 19, 4; 19, 30
Schuldner 18, 17
Schule 9, 26; 12, 22; 12, 32; 12, 36
schulen 9, 26
Schüler 12, 35
Schulmeister 12, 33; 16, 33
schulmeistern 16, 90
Schulter (kalte Sch. weisen) 16, 52
Schulung 9, 26; 9, 31
Schulzeit 12, 36
schummrig 5, 6
Schund 9, 60
Schuppen 17, 1
schüren 5, 36
Schurke 16, 72; 16, 94; 19, 8; 19, 9
Schurkerei 19, 10
Schürze 9, 66
Schürzenjäger 11, 53
Schuß 3, 24; 5, 29; 13, 1; 16, 76
schuriegeln 16, 79
Schutt 5, 49; 6, 14
schütteln 8, 34
Schutz 9, 70; 9, 75; 16, 77; 16, 95; 16, 97
Schutz (Sch. und Trutzbündnis) 9, 68; 9, 69
Schütze 17, 12
Schutzgeist 16, 41
Schützling 9, 75
schutzlos 9, 74
Schutzmann 19, 29
schwach 5, 27; 7, 39; 9, 19; 9, 41; 9, 45; 11, 15; 12, 19; 13, 42; 16, 110
Schwäche 4, 37; 9, 1; 9, 7; 9, 41; 9, 65; 11, 2
schwächen 4, 37; 9, 63; 9, 73; 13, 47
schwächlich 4, 37; 9, 65
Schwächling 4, 37
Schwächung 9, 34
Schwager 16, 9
Schwamm 5, 50; 8, 23; 9, 66
Schwamm (Schw. drüber) 12, 40; 16, 47
Schwämme 7, 9
schwanger 7, 6; 7, 20
Schwangerschaft 4, 39
Schwank 11, 23; 16, 54
schwanken 4, 25; 9, 7; 9, 9; 11, 19; 11, 42; 12, 23
schwankend 4, 25
Schwarm 11, 53
schwärmen 12, 28
Schwärmer 12, 28
Schwärmerei 11, 5; 11, 53
schwarz 5, 14
Schwarzkünstler 20, 12
schwatzen 13, 22; 13, 30
Schwebe (ist in der Schwebe) 4, 7
schweben 2, 17; 5, 42
schwedischen Gardinen, hinter 19,33
Schwefel 6, 26
schweifen 8, 1
schweigen 5, 28; 13, 23
Schweigen 13, 23
schweigsam 13, 23
Schwein 7, 9
Schwein, Dusel haben 4, 46
schwelgen 10, 11; 11, 11
schwellen 2, 48; 3, 3; 3, 10
Schwellung 3, 10
schwenken 2, 17
schwer 5, 41; 9, 44; 9, 55; 11, 14; 13,35
Schwere 4, 35
schwerfällig 8, 8; 9, 7; 9, 19; 9, 24; 9, 41; 9, 53; 9, 55; 11, 28
Schwergewicht 4, 10
schwerhörig 10, 20
schwermütig 11, 13; 11, 32
Schwiegervater 16, 9
schwierig 9, 40; 9, 55; 11, 58; 13, 4; 13, 35
Schwierigkeit 13, 35
Schwierigkeiten 9,55
schwimmen 16, 7
schwimmen (mit dem Strom schw.) 4, 25; 16, 115
Schwindel 8, 32; 9, 13; 10, 27
schwindeln 13, 51; 16, 89
schwinden 3, 5
Schwindler 19, 8; 19, 9
Schwindsucht 3, 5
schwingen 8, 33
schwitzen 5, 35; 5, 55; 5, 57; 9, 40; 10, 4
schwören 13, 50; 16, 37
schwül 5, 35
Schwulst 13, 43; 16, 89
schwülstig 11, 29; 13, 52
Schwung 4, 35; 9, 52
Schwur 13, 28; 13, 50; 16, 23; 16, 37
Sechs 3, 39
See 6, 18
Seele 11, 1; 11, 2; 12, 2
seelisch 11, 1; 12, 2
Seesterne 7, 9
Segel 8, 5
segeln 8, 5; 16, 7
Segen 4, 46; 7, 6
segnen 16, 31
sehen 10, 15; 16, 64
sehnen (sehnen nach) 11, 36
sehnig 5, 45; 5, 46
Sehnsucht 11, 53
sehr 3, 50
seichen 13, 22
seicht 3, 15; 9, 53; 12, 55
Seide 17, 8; 17, 10
Seil 3, 11
Seiler 16, 60
sein 2, 3; 4, 1
Sein 4, 1
grüne Seite 2, 31
-seits 2, 29

Sekretär 16, 112
Sekt 5, 59; 7, 31
Sekte 3, 34
selbst 3, 51; 11, 1
selbst, von 4, 33
selbständig 16, 119
Selbstbeherrschung 11, 12
selbstbewußt 11, 44
Selbsterkenntnis 11 48; 19, 5
Selbsterniedrigung 16, 115
selbstgerecht 20, 14
Selbstgespräch 13, 27
selbstherrlich 16, 108
Selbsthilfe 9, 2
Selbstjustiz 19, 20
selbstlos 9, 50; 11, 51; 11, 52; 19, 2
Selbstmord 7, 47
selbstredend 4, 6
Selbständigkeit 4, 14
Selbstsucht 9, 47; 19, 7
selbstsüchtig 11, 63
selbsttätig 4, 33
Selbsttäuschung 12, 25; 12, 28
selbstverständlich 4, 6; 13, 7; 13, 28; 19, 24
selig 4, 46; 11, 9; 20, 1; 20, 10
Seligkeit 11, 9
Sellerie 7, 2
selten 4, 20; 9, 32; 9, 56
Seltenheit 3, 24
seltsam 11, 29; 11, 30
Senge 16, 78
senken 3, 14; 8, 30
Sensation 16, 85
Sense 17, 15
Sensenmann 7, 45
sensibel 11, 4
sentimental 11, 7
Separatist 3, 34
Septett 3, 39
servieren 16, 112
Serviette 9, 66
servil 16, 115
Sessel 17, 3
seßhaft 2, 3
setzen 2, 3; 12, 29
Setzer 14, 6
Seuche 7, 43; 19, 9
seufzen 5, 34; 11, 33
Sextett 3, 39
sich 4, 1
sich (sich abhasten) 9, 40
sich (sich abmüden) 9, 40
sich anders besinnen 9, 9
sich wenden 8, 17
Sichel 7, 5
sicher 9, 14; 9, 75; 11, 35; 12, 22
Sicherheit 9, 75; 19, 16
sicherlich 12, 26; 12, 47
Sicht 5, 2; 10, 15
Sicht (auf lange S.) 1, 25
sichten 6, 22
sichtbar 5, 1; 10, 15
sickern 5, 55
sie 16, 3
Sie 16, 3
sieben 8, 25
Sieben 3, 39
siech 7, 25
sieden 5, 35; 5, 39; 5, 59; 8, 34; 11, 31
Siedler 9, 26
Siedelung 16, 2; 17, 1
Siedlung 16, 4
Sieg 9, 77
siegen 9, 77; 16, 84
Sieger 16, 84
Siesta 7, 36; 9, 36
Signal 13, 1; 16, 73
Silbe 13, 13
Silbergeld 18, 21
silbern 5, 13
Silhouette 2, 18; 2, 29
Simili 4, 18; 4, 29; 16, 72
simulieren 16, 72
singen 15, 12; 15, 16
singulär 4, 20
Singvogel 15, 12
sinken 3, 14; 3, 15; 8, 30; 9, 61
Sinn 9, 46; 12, 2; 12, 18; 13, 1; 13, 17
Sinnbild 13, 1; 13, 34; 13, 36
sinnen 9, 14
Sinnestäuschung 10, 17
sinnlich 11, 11; 11, 53; 16, 44
sinnlos 13, 18
Sippe 16, 9; 16, 17
Sirene 9, 12; 13, 1; 13, 11
Sirup 5, 51
Sitte 9, 31; 16, 61
sittsam 16, 50
Situation 4, 12
sitzen 2, 34; 19, 33
Sitzfleisch 8, 2
Sitzung 16, 102
Skat 16, 56
Skandal 5, 26; 13, 7
skandalös 19, 8
skeptisch 12, 23
Skizze 9, 15; 9, 26; 15, 4
Sklave 16, 94
Sklaverei 16, 111
Skorpione 7, 9
Skrupel 9, 17; 12, 23
Skulptur 15, 9
Smaragd 5, 18
Snob 11, 19; 11, 45; 16, 63
so oder so 9, 11
Sockel 2, 16
Sodawasser 5, 59
sofort 1, 14
sogar 3, 51
Sohn 16, 9
solch 4, 8
Sold 16, 46; 16, 113
Soldat 16, 74
Soldaten (S. und einzelne Gattungen) 16, 74
Sole 5, 68
solid 19, 1
solidarisch 16, 17
Soll 18, 17
solo 3, 36
Sommer 5, 35
Sommerfrische 7, 40
Sommerschnupfen 7, 41
Sommersprossen 11, 28
sonderbar 11, 24; 11, 30
Sonderling 3, 34; 4, 20; 16, 52
sondieren 9, 28; 12, 12; 13, 25
Sonne 5, 5; 5, 35; 6, 2; 11, 17; 16, 85
Sonnenschein 6, 5
Sonntag 9, 36
sonst 1, 17; 1, 19; 4, 21
Sophist 12, 14
sophistisch 12, 27
Sorge 4, 47; 9, 42; 11, 13; 11, 14; 11, 42; 12, 23
sorgen 11, 12; 11, 32
sorgenvoll 11, 13
sorgflätig 9, 42; 11, 40; 12, 7; 12, 26; 16, 26
Sorgfalt 19, 1
sorglos 11, 8; 11, 35; 11, 39
sorgsam 18, 10
Sorte 3, 47; 4, 8
Soße 7, 27
souverän 16, 97
sowieso 4, 14
sowohl als auch 3, 28; 3, 33
sozusagen 4, 7
spähen 12, 7
Spalt 2, 10; 2, 44
Spalte 2, 57; 3, 34
spalten 3, 34; 5, 47; 16, 67
spanisch 12, 37
spanisch (sp. vorkommen) 13, 35
Spanischer Flieder 7, 2
spannen 5, 45
Spannkraft 9, 38
Spannung 4, 35; 9, 37; 12, 24; 16, 66
sparen 3, 29; 18, 10
Garten-Spargel 7, 2
Sparkasse 18, 21
spärlich 3, 24; 3, 25
sparsam 18, 10
Sparsamkeit 3, 25
spartanisch 11, 12
Spaß 11, 21; 11, 22; 11, 23
Spaß (Sp. machen) 11, 10
spaßen 11, 22; 16, 55
spaßig 11, 22
Spaßmacher 11, 23
spät 1, 4
spät, wie 1, 9
später 1, 12; 1, 23
Spatz 7, 9
spazieren 16, 6
Speichellecker 16, 32
Speicher 17, 2; 18, 25

Spekulation 18, 30
spekulieren 12, 3; 12, 41
spendabel 18, 13
spenden 18, 12
Sperenzchen (Sp. machen) 16, 65
Sperre 2, 58
sperren 2, 58
Spezialist 9, 52
speziell 4, 20
Sphäre 6, 2
Sphinx 4, 7; 12, 37; 13, 4; 13, 34
Spiegel 3, 13; 10, 16
Spiegelbild 4, 18
Spiegelfechterei 13, 51
spiegeln 10, 16; 10, 17
Spiel 16, 119
Spiel (aufs Sp. setzen 9, 16; 11, 39
Spielart 4, 21
spielen 14, 3; 15, 1; 15, 13; 16, 55; 16, 72
Spielmann 15, 13
Spielraum (keinen Sp. haben) 3, 9
Spielzeug 16, 56
Spieß 17, 13
Spieß (den Sp. umkehren) 16, 80; 16, 81
Spießer 11, 26; 12, 55
spießig 11, 26; 12, 55
Spinat 7, 2
Spinatwachtel 11, 28
Spind 17, 4
Spindel 8, 32
spinnen 12, 57; 17, 8
Spinnen 7, 9
Spion 10, 15; 13, 7
spionieren 12, 8
Spiritist 12, 43
Spital 9, 76
spitz 16, 33
spitz(ig) 2, 55
Spitze 2, 33; 2, 43; 2, 55; 3, 12; 16, 74; 17, 10
Spitze (die Sp. bieten) 9, 77
Spitzel 13, 5; 13, 7
Spitzenleistung 9, 56
spitzfindig 12, 19; 12, 55
Spitzfindigkeit 11, 19; 13, 51
Spitzname 13, 19
Spleen 11, 32
Splitter 3, 34; 3, 44
splittern 5, 47
spontan 9, 1; 9, 2
sporadisch 1, 32
Sport 16, 57
Sportlehrer 16, 60
Spott 11, 22; 11, 23; 16, 54
spotten 16, 54
Spötter 16, 36
spöttisch 16, 33; 16, 53
Spottsucht 16, 33
Sprache 5, 34; 13, 12; 13, 21
sprachlich 13, 12
sprachlos 5, 28; 11, 42; 13, 15; 13, 23
sprachwidrig 13, 32
sprechen 13, 3; 13, 13; 13, 21
Sprecher 12, 33; 13, 21; 13, 30
sprengen 2, 57; 3,34; 5, 29; 5, 57; 8, 22
Spreu 9, 45
sprichwörtlich 12, 32
sprießen 3, 3; 4, 26; 9, 29
springen 8, 28; 8, 29; 11, 21; 16, 6; 16, 55
spritzen 5, 57
spröde 5, 47; 11, 49
Sprößling 4, 41
Sprudel 5, 59
sprudeln 5, 59; 8, 34
sprühen 11, 20
Sprung 8, 29
sprunghaft 2, 36; 2, 38; 3, 3; 4, 27; 11, 6; 11, 20
spucken 7, 35
spuken 20, 5
Spuk 11, 42
Spule 17, 16
Spur 5, 62; 12, 32
Spur (auf die Sp. kommen) 12, 20
Spur (falsche Spur) 12, 34
spüren 10, 1; 11, 4
Spürnase 12, 20
st! 5, 28
Staat 6, 15; 16, 18; 16, 19; 16, 61; 16, 88; 16, 97; 17, 9; 17, 10
Staat (St. machen) 17, 10
staatlich 16, 97
Staatsanwalt 16, 60; 16, 99
Staatsmann 16, 99
Staatsrat 16, 99; 16, 102
Stab 11, 35; 16, 17; 16, 96; 16, 97; 16, 102; 16, 112
Stab (den St. über brechen) 16, 33
Stadium 1, 1; 1, 15
Stadt 16, 2
Städter 16, 4
Stahl 5, 44; 6, 25
stählen 5, 44
Stall 7, 10; 16, 117; 17, 1
Stammbaum 4, 41
stammeln 13, 14
Stammgast 9, 31
stämmig 4, 35
Stand 4, 12; 9, 22; 16, 91
Stand(ort) 2, 2
Standbild 14, 9
Standesperson 16, 91
standhaft 4, 35; 11, 8
Standhaftigkeit 11, 12
Standort 2, 3; 6, 11
Standpauke 16, 33
Standpunkt 12, 4
Stange 3, 12
stanzen 17, 15
Star 7, 7; 10, 18; 16, 85
stark 3, 10; 4, 35; 9, 37; 13, 41; 16, 95
Stärke 13, 41; 16, 95
stärken 7, 40; 11, 34
starr 5, 44; 9, 41; 10, 3; 16, 108
Starrsinn 9, 8; 16, 53
starten 9, 21; 9, 29
Stätte 2, 2; 6, 11
stattfinden 4, 1; 4,44
statthaft 19, 22
Statistik 12, 8; 12,12
Statthalter 16, 98; 16, 104
stattlich 11, 17; 16, 85; 16, 88
Statue 15, 9
Status quo 1, 11
Statut 16, 106; 19, 9
Stäubchen 5, 42
staunen 11, 30
stechen 2, 55; 15, 5; 16, 76
Steckbrief 13, 6
Steckenpferd 9, 1; 9, 10; 11, 36
Stegreif (aus dem St.) 9, 27
stehen 2, 11; 2, 16
stehlen 16, 72; 18, 9
steif 5, 44; 9, 53; 9, 55; 11, 25; 11, 28; 16, 53; 16, 88; 16, 108
steigen 8, 28; 16, 6
steigern 3, 51; 8, 28
Steigerung 3, 3
steil 2, 11
Stein 5, 43; 5, 44
Stein (St. im Brett) 11, 53
(Stein)esche 7 2
Stein der Weisen 9, 55
Stelle 2, 2; 6, 11; 13, 46
stellen 2, 3
stellen (sich stellen) 16, 70; 16, 72
Stellung 9, 22; 16, 85; 16, 95
Stellung (in St. sein) 16, 112
Stellungswechsel 16, 8
Stellvertreter 4, 29; 16, 104
Stempel 13, 1; 19, 16
stempeln 12, 22
Steppe 6, 13
sterben 9, 33; 9, 61
Sterben 7, 45
stereotyp 4, 18
Stern 5, 5; 6, 2; 9, 64; 13, 1; 16, 85; 16, 86; 16, 100
stetig 8, 2; 9, 8
Steuer 8, 5; 13, 9; 16, 97; 16, 100; 16, 106; 18, 21; 18, 26
Steuerbord 2, 31

steuern 8, 11; 16, 7
Stich 16, 54; 16, 76
Stich (im St. lassen) 9, 20
Stichelei 11, 23
sticheln 16, 54; 16, 67; 16, 76
stichhaltig 13, 46
Stichwort 13, 1
Stickstoff 6, 26
stieren 10, 15
Stiefvater 16, 9
Stift 3, 33; 12, 35; 16, 112; 20, 20
Stil 13, 20; 13, 38; 14, 5; 15, 3
still 5, 27; 5, 28; 9, 36; 11, 47; 13, 4; 13, 23; 16, 48
stille 8, 2
Stille 5, 27; 5, 28
Stille (St. vor dem Sturm) 11, 42
Stillschweigen 13, 23
stillschweigend 13, 4
Stillstand 8, 2
stilvoll 11, 18
Stimme 5, 24; 5, 34; 13, 13
Stimme (innere St.) 19, 24
stimmen 12, 26
Stimmung 9, 4; 9, 10; 11, 3; 12, 22
Stimmwechsel 13, 15
stinken 5, 64
Stirn (die St. bieten) 16, 65; 16, 77
Stock 17, 5; 17, 11
stocken 8, 2; 9, 55
Stockung 9, 36
Stockwerk 17, 2
Stoff 3, 18; 4, 1; 6, 20; 12, 5
Stoiker 11, 8
stolpern 8, 31; 9, 53; 9, 78; 16, 6
stolz 11, 44; 11, 45
Stolz 11, 44
stopfen 3, 10
stopp 8, 2; 9, 33
stoppen 2, 36; 8, 2
stören 1, 38; 2, 38; 4, 24; 9, 63; 9, 73; 11, 14; 11, 59
Stoß 16, 76
Stoß (seinem Herzen einen St. geben) 9, 5
Stoß(kraft) 4, 35
stoßen 8, 9; 8, 34; 16, 76
stottern 13, 14; 18, 26
stracks 1, 14; 2, 40
Strafanstalt 19, 33
strafbar 19, 12; 19, 20; 19, 32
Strafe 19, 27
strafen 16, 78; 19, 32
Straferlaß 19, 30
straff 9, 6
Sträfling 19, 31
Strahl 5, 55
strahlen 5, 4; 11, 17; 16, 88
Strand 6, 16
Stränge (über die St. schlagen) 11, 11
Strapaze 9, 40
Straße 3, 33; 8, 11
Strategie 16, 73
sträuben (sich str.) 9, 5; 16, 65
sträuben (aufstr.) 2, 53
Strauch 7, 1
Strauß 16, 39
streben 9, 1; 9, 14; 9, 21; 9, 38; 9, 40; 11, 36; 12, 8
Streber 9, 38; 16, 32
strecken 2, 40; 3, 6
Streich 11, 38; 12, 13; 12, 53; 16, 70; 16, 76
Streich (einen Str. spielen) 9, 73; 11, 60
streicheln 16, 43
Streichholz 5, 38
Streifen 3, 9
Streik 9, 36; 9, 85
streiken 9, 24; 9, 33; 9, 36
Streit 16, 67; 16, 70
streitbar 11, 58
streiten 16, 67
Streitfrage 12, 8
Streithengst 16, 67
streng 9, 6; 11, 25; 11, 32; 15, 3; 16, 26; 16, 53; 16, 81; 16, 108
Strenge 9, 37; 11, 25; 16, 108
Streuung 8, 22
Strich 13, 1
Strich (einen Str. durch die Rechnung machen) 9, 73; 9, 78; 16, 65
Strich (ist nur ein Str.) 3, 11
Strich (auf den Str. gehen) 16, 45
Strich (gegen den Str.) 11, 59
stricken 17, 8
strittig 12, 8; 12, 14; 13, 47; 16, 67
Strohfeuer 9, 9; 11, 6
Strohhalm 4, 37
Strolch 16, 94; 18, 9; 19, 9
Strom 5, 55
strömen 3, 20; 3, 22; 5, 55
Strophe 14, 2
strotzen 3, 10
Strudel 8, 32
Struktur 4, 8
struppig 2, 53
Stück 3, 19; 15, 11; 18, 2
Stück (ein starkes St.) 16, 33
stückweise 3, 42
studieren 12, 3; 12, 8; 12, 35; 12, 39
Studium 12, 7; 12, 8
Stufe 16, 85
Stuhl 16, 100; 17, 3
Stuhlgang 7, 35
stumm 5, 28; 11, 30; 11, 42; 13, 4; 13, 15; 13, 23
Stümper 9, 53; 12, 37
stumpf 2, 56; 9, 41; 11, 26; 12, 13
Stumpfsinn 12, 56
Stunde 12, 33; 12, 53
stunden 9, 33
Stundung 1, 36; 18, 19
Stunk 16, 67
stupid 9, 53; 12, 56
stur 9, 8
Sturm 4, 36; 6, 6; 8, 34
Sturm (St. läuten) 13, 11
stürmen 4, 36; 6, 6; 8, 7; 16, 76
stürmisch 4, 27; 4, 36; 11, 5
Sturz 4, 27; 8, 30
stürzen 8, 31
Stütze 2, 16; 9, 82; 11, 35; 12, 29; 16, 112
stützen 2, 16; 9, 70
stutzen 9, 5
subjektiv 11, 1; 12, 2
Substanz 4, 1
Subtraktion 3, 30
suchen 9, 14; 9, 21; 11, 36; 12, 8
Sucht 11, 36
Süden 6, 12
Sühne 19, 26
sühnen 19, 26
Summe 3, 41; 18, 21
summen 5, 27; 5, 32; 5, 33; 15, 12
Sumpf 5, 51; 6, 19
Sünde 19, 10; 19, 11
Sündenbock 16, 54
Sünder 20, 4
Super 3, 22
Surrogat 4, 18
süß 5, 66; 11, 10; 11, 17; 11, 53; 16, 38
süßen 7, 28
Süßwasserpolyp 7, 9
Symbol 15, 1
symbolisch 13, 1
Symmetrie 2, 59
Sympathie 11, 36; 11, 50; 11, 53; 16, 40
Symphonie 15, 11
Symptom 4, 9
synonym 4, 15
System 9, 15; 9, 25
systematisch 2, 37; 9, 25
Szene 16, 67

T

Tabak 7, 34
Tabelle 2, 37
Tabernakel 20, 21
Tablett 17, 5
Tadel 16, 33; 16, 93
tadellos 9, 64; 11, 17; 11, 53; 19, 1; 19, 4
tadeln 16, 33; 16, 37
Tafel 3, 13; 3, 43
Tag 1, 1; 5, 4
Tag (guten Tag) 16, 38
Tag (schwarzer Tag) 18, 19
Tagdieb 9, 24
Tagebuch 14, 1
tagen 5, 4; 16, 102
Tags (eines schönen Tags) 1, 17
tagtäglich 1, 33
Takt 11, 18; 12, 11; 15, 10; 16, 38
Taktik 9, 15; 9, 52; 16, 73
taktlos 9, 53; 11, 29
Taktlosigkeit 16, 53
tapfer 16, 73
Tal 3, 13; 3, 14
Talent 9, 52; 12, 52
talentvoll 12, 52
Taler 18, 21
Talisman 20, 12
Talmi 9, 60; 11, 29
Tamtam 16, 31
Tank 3, 10; 17, 14
tanken 5, 55
Tanne 7, 2
Tante 16, 9
Tänze 15, 11
tanzen 8, 29; 11, 21; 16, 58
tanzen (nach anderer Pfeife tanzen) 16, 111; 16, 114
Tänzer(in) 16, 60
Tanztee 16, 64
Tapete 15, 7
tapfer 11, 38
Tarantel 7, 9
Tasche 17, 7
Tasche (die T. füllen) 18, 5
tasten 10, 2
Tat 9, 18; 9, 44
Täter 9, 22
tätig 9, 18; 9, 21; 9, 22; 9, 37; 9, 38; 12, 3
Tätigkeit 9, 18
Tatkraft 9, 37
tatkräftig 9, 6
Tatsache 4, 1; 4, 6; 12, 26; 14, 9
tatsächlich 4, 1; 4, 44; 12, 26
taub 10, 3; 10, 20; 12, 13
taubstumm 13, 15
tauchen 8, 30
tauen 5, 54; 6, 9
taufen 13, 16
taufen (Wein taufen) 6, 21
Taugenichts 9, 24
tauglich 9, 48; 9, 52; 16, 95
Taumel 10, 17; 11, 5
taumeln 8, 34
Tausch 4, 24
tauschen 4, 28; 18, 20
täuschen 12, 25; 13, 51; 16, 72 19, 8
Täuschung 12, 28; 13, 51; 19, 21
tausenden (zu hunderten und zu t.) 3, 20
Tausendfuß 7, 9
Tausendsasa 9, 52
Tauwerk 8, 5
Techtelmechtel 16, 42
Teich 6, 18
Teil 3, 42; 14, 11; 18, 2
teilbar 3, 34
Teilchen 3, 4
teilen 3, 34; 3, 42; 18, 2; 18, 12
Teilhaber 9, 70; 18, 2
Teilnahme 11, 52
teilnahmslos 9, 19; 11, 37; 12, 13
teilnehmen 11, 50
Teilnehmer 3, 48; 16, 41
teilweise 3, 42
-tel 3, 42
Telegramm 9, 39
Telegraph 13, 2
Telephon 13, 2
Temperament 11, 2
temperamentvoll 11, 5; 11, 6; 11, 20; 11, 58
Tempo 11, 20; 15, 10
tempore (ex tempore) 9, 27
Tendenz 9, 1; 9, 14
Teppich 17, 9
Termin 1, 9; 19, 27
Terminologie 13, 12
Terrain 6, 13
Terrakotta 5, 39
Terrasse 17, 2
terrible (enfant t.) 11, 46
Territorium 6, 15
Terror 11, 42; 16, 68; 16, 108
Testament 14, 9; 18, 1
teuer 11, 53; 18, 27
Teuerung 18, 27
Teufel 11, 28; 11, 58; 20, 9
Teufelswurz 7, 2
teuflisch 11, 60; 19, 9
Text 12, 5
Theater 14, 3; 16, 55
theatralisch 16, 88
Thema 12, 5
Theologe 20, 17
Theologie 20, 1
Theorie 12, 4
theoretisch 12, 4; 12, 29
Thermometer 5, 35
Thing 16, 102
Thron 16, 100
Thronbesteigung 16, 97
Thymian 7, 2
Tick 12, 57
tief 3, 14; 12, 3; 12, 52; 13, 35
Tiefe 3, 14
Tiefsinn 13, 35
Tiegel 5, 37
Tier 7, 8
Tier (großes Tier) 16, 85
Tierarzt 16, 60
tierisch 7, 8; 11, 11
Tierkreis 6, 2
tilgen 18, 18; 19, 26
Tilgung 12, 40
Tirade 13, 18
Tisch (grüner Tisch) 16, 99
Tischler 16, 60
Titel 13, 1; 13, 16; 16, 46; 16, 85; 16, 86
toben 4, 36; 11, 5; 11, 31
Tobsucht 4, 36; 12, 57
Tochter 16, 9
Todesstrafe 19, 32
Todesverachtung 11, 38
tödlich 7, 41; 9, 63; 11, 14; 11, 26
Toga 16, 100
tolerant 4, 38; 11, 8
Toleranz 16, 109; 19, 2
toll 4, 36; 11, 31; 12, 19; 12, 57
Tollkirsche 7, 2
Tollkopf 11, 6
tollkühn 9, 74; 11, 38; 11, 39
Tolpatsch 9, 53
Tölpel 9, 53; 11, 29
Tomate 7, 2
Ton 5, 11; 13, 13; 15, 4; 15, 10; 15, 12; 16, 38; 16, 61
Ton (Ton angeben) 16, 85; 16, 95
tonangebend 16, 95
Tonart 15, 10
tönen 5, 24
Tonkunst 15, 10
Tonschiefer 6, 14
Topf 17, 6
Topf (in einen T. werfen) 2, 38
Töpfer 16, 60
Tor (Gitter-, Gatter-Tor) 2, 57
Torheit 9, 43
töricht 12, 13; 12, 19; 12, 56
torkeln 8, 31; 8, 33
Tornister 17, 7
Torso 9, 34; 15, 9
tosen 4, 36
tot 9, 41; 11, 26
Totalität 3, 41

töten 4, 37; 7, 46
Totengräber 7, 48
totschlagen (die Zeit totschl.) 9, 24
totschweigen 12, 38; 13, 4
Tour 16, 6
traben 16, 6
Tracht 17, 9
trachten 9, 1; 9, 14; 9, 38; 11, 36
träg 9, 7
träge 8, 8; 9, 19; 9, 24; 9, 41
tragen 2, 16
Träger 2, 16
Trägheit 9, 24; 9, 41
tragisch 11, 14
Tragkorb 17, 5
trainieren 12, 33
trampeln 5, 30
Tran 5, 52
Trance 11, 5
Träne 7, 35; 11, 33
tranig 5, 52
Transparent 5, 8
Transport 8, 3
tratschen 13, 22
Trauer 11, 14; 11, 32
Trauerflor 7, 48
Trauerkloß 11, 32
trauern 11, 12; 11, 33
Trauerweide 11, 33
Traufe 5, 56; 17, 2
Traum 7, 36; 11, 36; 12, 27; 12, 28; 12, 46
träumen 11, 36; 12, 3; 12, 13; 12, 28
Träumer 13, 27
Träumerei 12, 13
Traumwelt 12, 28
traurig 11, 13; 11, 14; 11, 32; 11, 33
Traute 11, 42; 11, 43
Trauung 16, 11
Travestie 15, 2
treffen 16, 64
treffen (Vorkehrungen tr.) 9, 26
Treffer 9, 77
trefflich 11, 10; 19, 3
treiben 9, 1; 9, 12; 16, 6
Treibhaus 5, 37
trennen 2, 10; 2, 36; 3, 34; 3, 49; 8, 22; 12, 11; 16, 67
Treppe 8, 11; 8, 28
treten 16, 76; 16, 79
Tretmühle 9, 31; 11, 26
treu 9, 31; 13, 49; 16, 23; 16, 26; 16, 41; 16, 114
treu (einer Sache tr. bleiben) 9, 8
Treu (Treu u. Glauben) 12, 25
Treue 16, 23; 16, 26; 19, 1
treuherzig 11, 46
Tri- 3, 38
Tribüne 3, 12
Trichter 2, 57
Trick 9, 15; 12, 53
Trieb 9, 1; 9, 2; 11, 36
Triebfeder 4, 31
triebhaft 9, 1; 11, 6
triefen 3, 22; 5, 57
triftig 9, 44
trinken 7, 30
Trinkgeld 16, 46; 18, 26
Trio 3, 38
Triumph 9, 77; 11, 21; 16, 84
triumphieren 9, 77; 11, 21
trocken 5, 58; 11, 25; 11, 26; 13, 40
Trockene (sein Schäfchen ins Tr. bringen) 18, 5
Trockenen (auf dem Tr. sitzen) 18, 4
trocknen 3, 15; 5, 58
trödeln 9, 24
Trommel 15, 14
Trommelfeuer 16, 73
trommeln 5, 30
Trompete 15, 14
Tropen 5, 35
tropisch 5, 35
Trost 11, 34
Troste (nicht bei Tr.) 12, 57
trösten 11, 34; 11, 50
trostlos 11, 33
Trottel 12, 56
trotz 4, 23; 13, 48
Trotz 11, 58
trotzdem 4, 23; 16, 65
trotzen 9, 8; 16, 65; 16, 116
trotzig 11, 38; 16, 53
trübe 5, 6; 5, 10
Trüben (im Trüben fischen) 16, 67
Trübsal 11, 13
trübselig 11, 32
Trug 2, 5; 13, 51
Trugbild 5, 2; 12, 27
trügen 12, 27
trügerisch 12, 27
Trugschluß 9, 13; 12, 19; 12, 28; 13, 34
Trümmerstätte 4, 42
Trumpf 9, 77
Trunkenbold 7, 32
Truppe 16, 16; 16, 17
Tuch 17, 8
tüchtig 4, 35; 9, 38; 9, 46; 9, 52; 11, 38; 16, 95
Tüchtigkeit 9, 48
Tücke 11, 60; 12, 53; 19, 8
tückisch 12, 53; 16, 35
Tugend 19, 3
tugendsam 11, 49
Tulpe 7, 2
Tümpel 3, 15
Tumult 5, 26; 16, 116
tun 9, 18; 9, 38
Tünche 5, 11
Tunnel 3, 33; 8, 11
Turf 16, 75
Turm 3, 12; 16, 77
türmen 8, 28
Turnen 16, 57
Turnier 16, 57; 16, 70
Turnus 1, 28
Turteltäubchen 11, 53
Tusche 15, 4
tuscheln 5, 27
Tuskulum 9, 24
Tüte 17, 7
Typ 4, 8
Type 11, 24
Typus 4, 19
Tyrannei 16, 108
tyrannisch 16, 108
tz (bis zum tz) 3, 50

U

übel 9, 50; 11, 29; 11, 59
Übel 7, 41; 9, 50; 11, 13; 11, 14
Übelkeit 11, 15
üblich 9, 31
über 2, 15; 2, 33; 4, 13; 13, 52
über- 3, 22
über und über 3, 50
überall 2, 7
überaus 3, 50
überbieten 3, 51
Überbleibsel 3, 32
überbürden 9, 40
überdies 3, 33
Überdruß 10, 14; 11, 26
überdrüssig 11, 26; 11, 59
Übereifer 9, 38
Übereinkommen 19, 14
Übereinkommen (ein Ü. treffen) 19, 17
übereinstimmen 3, 27; 4, 15; 4, 19
Überfall 4, 27
16, 73; 16, 76
Überfluß 3, 22; 3, 32
überflüssig 9, 49; 9, 85
überfluten 3, 22
überführen 19, 31
überfüttern 10, 14
Übergang 4, 26; 8, 27
übergeschnappt 12, 57
Übergriff 19, 21; 19, 23
überhandnehmen 3, 20
üüerhängen 2, 48
überheblich 11, 44; 11, 45

überholen 8, 16; 8,27
überirdisch 11, 53
überladen 3, 22
überlegen 9, 7; 9, 14; 9, 42; 11, 40; 12,3; 12, 7; 12, 14; 12, 23; 13, 9; 16, 78
Überlegenheit 3, 51
Überlegung 12, 3; 12, 7
Überlieferung 14, 1
überlisten 12, 53
übermäßig 11, 11
Übermensch 11, 44
Übermut 9, 10; 11, 39; 16, 90
übermütig 11, 21; 11, 44
übernatürlich 20, 5
überraschen 11, 30; 12, 45
überrascht 11, 30
Überraschung 11, 30; 12, 20
überreden 9, 12; 12, 22; 13, 9
Überredungskunst 13, 46
übersättigt 10, 14
Übersättigung 10, 14
überschätzen 12, 50
überschnappen 12,57
überschneiden 2, 15
überschwemmen 3, 22; 5, 55; 5, 57
Übersee 2, 8
übersehen 9, 43; 12, 38; 13, 4
übersetzen 13, 44; 13, 53
überspannt 12, 28; 13, 52
überstanden 9, 75
überstürzen 1, 38
übertragen 16, 103; 18, 1
Übertragung 13, 53
übertreffen 3, 51; 9, 56; 9, 64
übertreiben 12, 50; 13, 45; 13, 52; 15, 2; 16, 51
übertreten 19, 20; 19, 25
Übertretung 9, 32
übertrieben 12, 28
übertrumpfen 9, 77
übervorteilen 18, 8
Überwachung 16, 96
überwältigend 3, 2
überwinden 11, 8; 16, 84
überzeugen 12, 22; 12, 33; 16, 21
überziehen 2, 20
übrig 3, 32
Übung 9, 31; 9, 52; 12, 33
Ufer 2, 23; 6, 16
Uhr 1, 9
Ulk 11, 21; 11, 23; 16, 54
ulkig 11, 23; 11, 24
Ultimatum 16, 68; 16, 69; 16, 73
ultra 13, 52
um- 2, 23
um (-herum) 2, 24
um und um 2, 7
Umarmung 16, 38; 16, 43
Umbildung 4, 24
Umfang 3, 1
umfassen 3, 48
umgeben 2, 23
Umgegend 2, 9
umgestalten 4, 24; 4, 26
Umkehr 4, 30
umkehren 4, 30; 8, 12; 8, 17; 9, 9; 9, 62
umkehren (den Spieß umkehren) 13, 47
umkommen 4, 42; 9, 61
Umkreis 2, 18
Umlauf 8, 32
umsatteln 16, 60
Umsatz 18, 20
Umschreibung 13, 36
Umschwung 4, 27
Umsicht 9, 42
umsichtig 3, 29; 12, 7
umsonst 9, 78
Umstand 4, 12
Umstände machen 9, 7
umständlich 9, 80
Umsturz 4, 24; 4, 42
umstürzlerisch 4, 27
umtauschen 18, 20
Umweg 8, 41; 8, 12; 9, 80
umziehen 16, 8
Umzugstag 16, 8
unabhängig 16, 119
unabsichtlich 9, 3
Unachtsamkeit 16, 28
unanfechtbar 19, 22
unangebracht 9, 51
unangenehm 9, 55; 11, 14; 11, 29; 11, 59
unanständig 11, 29; 16, 44; 19, 8
unappetitlich 10, 9
Unart 16, 90
unartig 11, 29; 16, 53; 16, 90
unaufhörlich 1, 34; 9, 30
unaufmerksam 12,13
unaufrichtig 16, 116; 19, 8
unausführbar 9, 55
unbeachtet 16, 34
unbedeutend 9, 45; 16, 93
unbedingt 4, 14; 9, 3; 9, 6; 16, 108
unbefriedigt 11, 27
unbefugt 19, 21; 19, 23
unbegabt 9, 53; 12, 56
unbegreiflich 13, 35
unbegrenzt 3, 2
unbeholfen 9, 53
unbeirrbar 9, 8
unbeirrt 9, 6
unbekannt 12, 37; 13, 4; 13, 19
unbekümmert 11, 8
unbemittelt 18, 4
unberechtigt 19, 23
unberührt 16, 50
unbesorgt 11, 9
unbeständig 4, 25; 8, 12; 9, 9
unbestimmt 4, 7; 9, 7; 13, 35
unbestritten 19, 22
unbeträchtlich 3, 24
unbeugsam 9, 8; 16, 65
unbewußt 9, 1; 12, 1
unbezwinglich 9, 75
unbillig 19, 21
unblutig 16, 48
Unbotmäßigkeit 16, 116
unbrauchbar 9, 49; 9, 51
und 3, 28
Undank 11, 55
undeutlich 13, 14; 13, 34; 13, 35
Unding 4, 3
undurchsichtig 5, 10
unehelich 16, 94
unehrerbietig 16, 34
unehrlich 13, 51
uneigennützig 19, 2
Uneigennützigkeit 11, 51
uneinig 12, 48
Uneinigkeit 3, 34; 16, 67
unendlich 1, 6; 2, 1; 3, 40; 20, 7
unentbehrlich 9, 81
unentgeltlich 18, 29
unentschieden 9, 34; 12, 8
unentschlossen 4,25; 9, 7
unerbittlich 9, 6; 9, 8; 11, 14; 11, 61; 11, 62; 16, 81; 16, 107; 16, 108
unerfahren 9, 53
unerfreulich 11, 14
unergründlich 3, 14
unerhört 3, 50; 4, 20; 11, 30
unerläßlich 9, 3
unermüdlich 9, 38
unersättlich 10, 11
unerschrocken 11, 38
unerträglich 11, 14
unerwartet 12, 45
unerwünscht 11, 37
unfähig 4, 37
Unfall 7, 42; 9, 50
unfaßlich 11, 30
unfertig 3, 46
unfrei 16, 117
unfreundlich 16, 53
Unfriede 16, 67
Unfug 9, 51
ungebildet 9, 53; 12, 37; 16, 43; 16, 94
ungeeignet 9, 27; 9, 49; 9, 51
ungefähr 4, 7
ungefährdet 9, 75
ungeheuer 3, 2; 11, 30
Ungeheuer 11, 30; 19, 9
ungehörig 9, 51

ungehorsam 16, 28; 16, 65; 16, 116
Ungehorsam 16, 65; 16, 116
ungelegen 9, 51
ungelenk 3, 10; 9, 55
ungemütlich 11, 14
ungeniert 3, 34
ungenügend 3, 25
ungerecht 12, 55; 19, 21
ungereimt 14, 4
ungern 9, 5
ungeronnen 5, 54
ungeschickt 9, 53
ungeschlacht 11, 28; 11, 29
ungestalt 2, 60
ungestüm 9, 39
Ungestüm 11, 39
ungewiß 4, 7; 12, 23; 13, 34; 13, 35
Ungewitter 6, 6
ungewöhnlich 4, 20
ungewohnt 9; 32
Ungeziefer 7, 9; 9, 67
ungezogen 16, 53; 16, 90
Unglaube 20, 3
unglaublich 3, 50; 4, 5
Unglück 4, 47; 9, 50; 9, 78; 11, 13; 11,14
unglücklich 4, 47; 9, 50; 11, 13
Unglücksrabe 4, 47; 9, 78; 11, 13
Ungnade 11, 62
Ungültigkeitserklärung 13, 29
Unheil 19, 9
unheilbar 7, 41
unheilschwanger 11, 41
Unhold 11, 28
uni- 3, 36
Uniform 16, 100; 17, 9
Unikum 4, 20; 4, 21
Union 3, 33
unken 11, 41
Unke 13, 10
unklar 5, 9; 6, 21; 12, 23; 13, 4
Unkosten 18, 26
unkultiviert 9, 27
unlogisch 12, 19; 12, 27
Unlust 9, 19; 11, 13; 11, 27
unlustig 11, 32
unmanierlich 9, 53
Unmasse 3, 20
unmäßig 11, 11
Unmenge 3, 20
Unmensch 11, 61; 19, 9
unmenschlich 11, 60
unmittelbar 9, 79
unmöglich 4, 3; 9, 55; 16, 93
unmoralisch 16, 44; 19, 10
unmusikalisch 15, 17
unnötig 9, 85
unnütz 9, 49; 9, 51
unordentlich 2, 38; 9, 27
unparteiisch 12, 14
unparteilich 19, 18
unpassend 1, 38
Unrat 9, 67; 11, 6; 11, 29
Unrecht 13, 51; 19, 8; 19, 21
Unredlichkeit 19, 8
unreell 19, 8
unregelmäßig 2, 38; 2, 60
unreif 9, 27; 9, 34; 9, 65
Unreife 9, 27
unrein 9, 67
Unruhe 9, 38; 16, 70
unsagbar 3, 50
unsauber 11, 28
unschlüssig 9, 7
unschlüssig sein 4, 7; 9, 7
unschön 11, 28
unschuldig 11, 46; 12, 25; 16, 50; 19, 4
unsicher 4, 7; 9, 74; 11, 43; 12, 23
unsichtbar 13, 4
Unsinn 9, 45; 12, 27; 12, 34; 12, 56; 12, 57; 13, 18; 13, 29
unsinnig 9, 86
Unsittlichkeit 19, 10
unstet 4, 25; 8, 1; 11, 6; 16, 6
unsterblich 16, 85
unstreitig 4, 6
unsymmetrisch 2, 60
Untat 19, 9
untätig 9, 19; 9, 24
untauglich 4, 37; 9, 51; 9, 53; 9, 85
unteilbar 3, 33; 5, 43
unten 2, 16; 2, 34
unten (unten durch sein) 11, 59
unter 2, 34
unterbleiben 9, 19
unterbrechen 2, 36; 9, 33
Unterbrechung 2, 36
unterbringen 2, 3
unterdessen 1, 15
unterdrücken 4, 38; 9, 72; 13, 4; 16, 84; 16, 111
untergehen 4, 42; 4, 47; 9, 78
unterhaken 16, 43
Unterhalt 4, 43
Unterhaltung 13, 30; 16, 49
Unterhändler 16, 103; 19, 14
Unterlage 2, 16
unterlassen 9, 5; 9, 19; 9, 85; 11, 12
unterliegen 16, 83
Untermenschentum 16, 94
unternehmen 9, 18; 9, 21; 11, 38
Unternehmen 9, 21; 9, 22; 16, 60; 18, 20
Unteroffizier 16, 74
Unterordnung 16, 111
Unterpfand 19, 16
Unterredung 13, 2
unterrichten 12, 33
untersagen 16, 29; 16, 106
unterschätzen 12, 51
unterscheiden 12, 11
unterscheiden sich 4, 21
Unterschied 4, 21
unterschlagen 9, 86
Unterschleife 18, 8
Unterschlupf 9, 76
unterschreiben 14, 5
Unterschrift 19, 16
unterstützen 9, 70; 11, 52; 13, 46
untersuchen 12, 3; 12, 8; 12, 9
Untersuchung 14, 10
Untersuchungsrichter 19, 28
Untertan 11, 48; 16, 4; 16, 112
untertänig 16, 111
Unterwelt 20, 11
unterwürfig 11, 48; 16, 32; 16, 114; 16, 115
unterzeichnen 13, 1; 19, 14
untief 3, 15
Untiefe 9, 74
Untier 3, 2
untrennbar 3, 33
Untreue 13, 51; 19, 8
unüberwindlich 9, 55
ununterbrochen 1, 34; 2, 35
unverantwortlich 19, 12
unverblümt 13, 49
unverbunden 2, 36
unvereinbar 4, 23
unverfälscht 6, 22
unvergeßlich 12, 39
unvergleichlich 3, 50; 3, 51; 16, 85
unverheiratet 16, 12
unverhofft 12, 45
unverkäuflich 18, 23
unverletzlich 19, 22
Unvermeidlichkeit 9, 3
Unvermögen 4, 37
unvernünftig 9, 43
unverschämt 11, 45; 16, 90
unversehens 12, 45
unverständlich 13, 35
unverzeihlich 19, 9
unvollendet 9, 65
unvollkommen 9, 34; 9, 65; 11, 28; 12, 27
unvollständig 3, 46
unvorbereitet 9, 27
unvorhergesehen 12, 45
unvorsichtig 9, 27; 11, 39
unwahr 12, 27
Unwahrheit 12, 28
unwahrscheinlich 4, 5
Unwetter 6, 7
unwichtig 9, 45; 13, 18

unwillkürlich 9, 1; 12, 1
unwirklich 12, 28
unwirsch 11, 58
unwohl 7, 41; 11, 15
Unwohlsein 11, 15
unwürdig 16, 115
Unzahl 3, 22
unzählig 3, 22
unzeitgemäß 1, 38; 9, 51
unzertrennlich 16, 41
Unzucht 16, 44
unzüchtig 9, 67; 16, 44
unzufrieden 11, 27; 11, 36; 16, 67; 16, 116
Unzufriedenheit 11, 13
unzugänglich 2, 58; 16, 52; 16, 53
unzulänglich 3, 25
Unzulänglichkeit 3, 46
unzuverlässig 19, 25
Üppigkeit 11, 11; 11, 19
urbar 7, 5
Urbild 4, 18
Urgroßvater 16, 9
Urheber 4, 31
Urin 7, 35
Urkunde 13, 1; 14, 9; 19, 16
urkundlich 12, 26
Urlaub 9, 36; 16, 105
Urphänomen 4, 14
ursächlich 4, 31
Ursprung 4, 31; 9, 29
ursprünglich 9, 29
Urteil 9, 11; 11, 18; 12, 2; 12, 11; 12, 14; 12, 22; 12, 52; 19, 27
urteilen 12, 14; 12, 15; 12, 49; 19, 27
Urteilskraft 12, 14
Urteilslosigkeit 12,19
Utensilien 17, 15
Utopie 2, 5; 12, 28

V

Vagabund 16, 6; 16, 94
Valuta 18, 21
Vampir 4, 42
Vandale 4, 42
Variante 4, 21
variieren 4, 21; 4, 22
Vater 16, 9
Vater Philipp (ist bei V. Ph.) 19, 33
Vaterland 16, 1; 16, 18
Vaterschaft 4, 39
Veilchen 7, 2
Ventil 2, 58; 8, 24
Ventilator 5, 61
Venus 11, 17; 11, 53
verabscheuen 11, 62
verabschieden 8, 18; 9, 85; 16, 38; 16, 105
verachten 11, 19; 11, 37; 12, 51; 16, 34; 16, 36; 16, 90
verächtlich 16, 36
Verachtung 11, 37; 11, 59; 16, 34
veralten 1, 27
veraltet 9, 32; 11, 29
Veranda 17, 2
veränderlich 4, 25
verändern, sich 4, 24
Veränderung 4, 24
veranlassen 4, 31; 9, 3
Veranlassung 9, 12
veranschaulichen 5, 1
veranschlagen 12, 12
veranstalten 9, 21; 9, 26
Verantwortung (zur V. ziehen) 19, 12; 19, 32
Verantwortung (V. übernehmen) 16, 23; 16, 24
verantwortlich 19,24
verantwortungslos 19, 25
Verband 3, 33
verbannen 8, 24; 16, 29; 16, 37
Verbannung 16, 52; 19, 32
verbessern 9, 57
verbieten 16, 29; 16, 106
verbilden 12, 34
verbilligen 18, 28
verbinden 3, 33
verbindlich 16, 38
Verbindung 12, 10; 16, 41
verbissen 9, 8
verbittern 9, 63
verbittert 11, 32
verblöden 12, 37; 12, 56
verblüffen 11, 30; 12, 13; 12, 45
verblüfft 11, 30
verbohrt 9, 8; 12, 55
verborgen 2, 19; 13, 4
Verbot 9, 73; 13, 29; 16, 29
verboten 16, 29
Verbrauch 3, 31
verbrauchen 3, 31
Verbrechen 19, 11; 19, 20
Verbrecher 19, 9
verbreiten 13, 6
verbreitern 3, 3
verbrennen (sich die Finger verbr.) 5, 36; 11, 59
verbrühen 5, 35
verbunden 11, 54
verbündet 9, 68; 16, 17
verbürgen 13, 28; 13, 46; 19, 16
verbürgt 13, 6
Verdacht 12, 23; 12, 24
Verdacht (V. erregen) 19, 12
verdächtigen 12, 23
verdammen 16, 33
verdammt 3, 50; 16, 33
Verdammung 16, 37
verdattert 11, 42
Verdauung 7, 35
verderben 9, 63; 9, 37; 11, 28; 12, 27; 12, 34
Verderben 4, 42
verdienen 18, 5
Verdienst 19, 3
verdienstvoll 16, 31
verdientermaßen 19, 18
verdorren 9, 61
verdoppeln 3, 37
verdrecken 9, 67
verdrehen 2, 38
Verdrehung 13, 34
verdreht 12, 57
verdrießlich 11, 58
verdrossen 11, 32
Verdruß 11, 13; 11, 14; 11, 27; 11, 31
verdunkeln 13, 4; 13, 35
Verdunkelung 5, 3
Verdunstung 5, 60
verdutzt 12, 45
veredeln 9, 57
verehren 11, 53; 16, 30; 16, 38; 18, 12
Verehrer 11, 36; 11, 53
Verein 3, 33; 16, 16; 16, 17; 16, 64
Vereinbarung 19, 14
vereinen (sich vereinen 9, 68
vereinfachen 9, 54
Vereinigung 3, 33
vereint 16, 40
vereinzelt 8, 22
vereiteln 9, 73; 12,46
Verfahren 9, 18; 9, 25; 15, 3
Verfall 9, 61
verfallen 9, 62
verfallen (dem Teufel verf.) (9,62) 19, 6
Verfasser 4, 39
Verfassung 11, 3; 16, 97; 19, 19
verfechten 19, 13
verfehlt 9, 51
verfeinden 16, 66; 16, 67
verflachen 12, 55
verfluchen 16, 37
verflucht 11, 5; 11, 14; 16, 37; 19, 9

verflüchtigen 5, 3
verfolgen 8, 15; 11, 14; 11, 60
verfressen 11, 36
verfügen 16, 106; 19, 19
Verfügung 9, 26; 16, 106; 19, 19
Verfügung (zur Verf. stehen) 9, 84
verführen 9, 12; 11, 36; 11, 53; 12, 34; 16, 44
verführerisch 11, 10
vergaloppieren 12, 27
vergänglich 1, 8; 4, 25; 5, 3
Vergaser 5, 60
vergeben 16, 47
vergebens 9, 49; 9, 78
vergeblich 11, 37
Vergebung 11, 50
vergehen 5, 3; 9, 33
Vergehen 19, 11; 19, 20
vergelten 16, 46; 16, 80; 16, 81; 19, 32
Vergeltung 11, 54; 19, 32
vergessen 1, 19; 12, 40
vergeßlich 12, 40
vergeuden 18, 14
vergewaltigen 9, 3; 16, 44
Vergißmeinnicht 7, 2
Vergleich 4, 17; 16, 48; 19, 17
vergleichen 12, 10
vergnügen 16, 55
Vergnügen 11, 21; 16, 55
Vergnügen (Vergn. bereiten) 11, 10
Vergnügen (mit V.) 16, 24
vergnügt 11, 9; 11, 16
vergolden 15, 7
vergöttern 11, 53
vergrößern 3, 3; 13, 52; 16, 89
Vergütung 16, 46; 18, 18
verhaften 16, 117; 19, 27
Verhalten 4, 11; 9, 25
Verhältnis 16, 13
Verhältnisse 4, 12
verhandeln 12, 14; 16, 49; 18, 20
Verhandlung 13, 30; 19, 14
Verhängnis 4, 47; 11, 14
verhängnisvoll 4, 47
verhärtet 19, 6
verhauen 16, 78
verheiraten 3, 33
verherrlichen 16, 31
verhetzen 16, 116
verhext 20, 12
verhindern 9, 73; 16, 29
verhöhnen 16, 33; 16, 34
verhören 13, 25
verhüten 9, 73; 9, 75
verjähren 19, 23
verjüngen 4, 40; 9, 58
Verjüngung 9, 58
verkalken 1, 27
verkaufen 18, 20; 18, 23
Verkäufer 16, 60
Verkehr 16, 64
verkehren 16, 6; 16, 64
verkehrt 12, 19
verkennen 12, 51
verklagen 19, 12; 19, 27
Verkleidung 16, 71
verkleinern 12, 51
verklopfen 18, 23
verknacken 19, 31
verknöchern 12, 55
verknoten 2, 15
verkommen 19, 10
verkrachen 16, 67
verkümmern 3, 5
Verkündung 13, 2
verladen 8, 3
Verlag 14, 6
verlangen 9, 81; 11, 36; 16, 20; 16, 106; 19, 22
verlängern 3, 6
verlassen 3, 34; 3, 36; 11, 62; 12, 22; 16, 52
verläßlich 16, 41
Verlauf 9, 25
verlebt 10, 14
verlegen 9, 55; 11, 42; 11, 47
Verlegenheit 9, 7
Verleger 14, 11
verleidet werden, sein 9, 5
verleihen 16, 103; 18, 16
verleiten 9, 12
verletzen 9, 63; 11, 14; 11, 28; 11, 31; 11, 60; 16, 28; 16, 34
Verletzung 7, 41; 16, 76
verleugnen 12, 38
verleumden 12, 51; 16, 35; 16, 93
Verleumdung 13, 51; 16, 33; 16, 35
verlieben 11, 53
verliebt 11, 36; 11, 53; 16, 42; 16, 44
verlieren 3, 31; 9, 50
verloben 3, 33; 16, 10
Verlobung 16, 23; 16, 39
Verlockung 9, 12
verlogen 12, 27; 19, 8
verloren 4, 47; 9, 78; 18, 15
Verlust 9, 50; 9, 78; 18, 15
vermachen 18, 12
Vermächtnis 18, 1
vermehren 3, 20; 7, 6; 18, 5
Vermehrung 3, 3
vermeiden 9, 20; 9, 85; 11, 12
Vermerk 13, 1
vermiesen 9, 17
vermindern 3, 7; 3, 24
vermissen 11, 36
vermitteln 9, 69; 9, 73; 16, 47; 16, 48; 16, 49
vermittelst 9, 69
Vermittler 13, 9
Vermittlung 8, 26
Vermögen 3, 18; 9, 52
vermögen 4, 35
vermuten 4, 3; 12, 22
vermutlich 4, 2; 4, 3; 12, 24
vernachlässigen 9, 34; 9, 43
vernehmen 10, 19
Vernehmung 12, 8
verneinen 12, 48; 13, 29; 16, 27
vernichten 4, 42; 5, 3; 7, 46; 9, 72; 16, 93
Vernunft 12, 2; 12, 18; 12, 52
vernünftig 4, 38; 9, 42; 9, 52; 12, 26; 12, 52
veröffentlichen 13, 6; 14, 6
Veröffentlichung 14, 11
verordnen 19, 19
Verordnung 16, 106; 19, 19
verpacken 2, 3; 2, 20
verpassen 1, 38
verpatzen 12, 27
verpesten 5, 64
Verpflegung 3, 29
verpflichten 9, 70; 16, 113; 19, 14; 19, 15; 19, 24
verpflichtet 11, 54; 16, 113
Verpflichtung 19, 24
Verpflichtungen (seinen V. nachkommen) 16, 26; 16, 28; 18, 26
verprassen 10, 11
verpuffen 5, 60
verrannt 9, 8
Verrat 16, 72; 16, 116
verraten 13, 5; 19, 12
Verräter 19, 8; 19, 9
verrechnen 12, 27
verreiben 5, 49
verrichten 9, 18; 9, 22; 9, 25
verringern 3, 5
verrückt 11, 5; 12, 57
Verruf 16, 93
verrufen 16, 93
Vers 14, 2
versagen 9, 60; 9, 78
Versager 9, 19; 9, 60
versalzen 5, 68
Versammlung 3, 17
Versand 8, 3
versanden 3, 15
versäumen 1, 38; 9, 19; 9, 34; 16, 28; 19, 25
verschieden 4, 21; 12, 48

verschiedene 3, 17
verschlagen 12, 53
verschleckt 10, 12
Verschleiß 9, 61; 9, 63
verschlimmern 9, 63; 12, 27; 13, 52
Verschlimmerung 9, 61
verschlossen 11, 32; 16, 53
Verschlossenheit 13, 4
Verschluß 2, 58
verschnupft 11, 32
verschollen , 4; 12, 40
verschuldet 18, 17
verschweigen 13, 4
verschwenden 3, 31; 9, 86; 18, 15
verschwenderisch 3, 22
verschwiegen 13, 4; 13, 23
verschwinden 3, 26; 9, 33
verschwommen 5, 12
Verschwörung 16, 17
Versehen 9, 78; 12, 27; 12, 28; 16, 28; 16, 54; 19, 11
versengen 5, 36
versenken (sich v.) 12, 3
Versetzung 3, 49
versichern 4, 6
Versicherung 16, 23
versinken 3, 14
versoffen 7, 32
versöhnen 16, 48
versöhnlich 16, 47
versorgen 9, 42; 9, 70
Verspätung 1, 36
verspielen 18, 15
verspotten 12, 51; 16, 33; 16, 34; 16, 35; 16, 54
versprechen 11, 35; 12, 27; 12, 41; 16, 22. sich verspr. 12, 27
Verstand 12, 2; 12, 52; 13, 17
verständig 9, 52; 12, 18; 12, 26; 12, 52
verständlich 12, 14; 13, 33
Verständnis 9, 52; 12, 31; 12, 32
verstärken 3, 51; 13, 52
Verstärker 5, 26
verstauben 9, 67
Versteck 9, 76; 16, 71
verstecken 13, 4
Verstecken 16, 56
verstehen 12, 31; 12, 32; 12, 35; 13, 33; 16, 40
versteinern 5, 43; 5, 44
verstockt 19, 6
verstohlen 13, 4
Verstoß 12, 28; 19, 11; 19, 21; 19, 25
verstümmeln 4, 37
verstümmelt 9, 65
Versuch 12, 9
versuchen 9, 28; 10, 7; 12, 9
versuchsweise 12, 9
Versuchung 11, 36
versumpfen 3, 15
versunken 12, 13
versunken (vers. und vergessen) 13, 4
vertagen 1, 12
verteidigen 9, 75; 16, 31; 16, 77; 19, 13; 19, 27
Verteidiger 19, 28
Verteidigung 16, 74; 16, 77; 19, 13
verteilen 18, 2
vertilgen (mitStumpf und Stiel vert.) 4, 42
Vertrag 3, 33; 12, 47; 14, 9; 19, 14; 19, 16
vertragen (sich v.) 16, 40; 16, 41; 16, 47
vertrauen 12, 25
Vertrauen 11, 35; 12, 41
vertrauensselig 12, 25
vertrauenswürdig 19, 1
vertraulich 13, 4
Vertrauter 9, 70
vertreiben 2, 4; 18, 23
vertreten 4, 29; 16, 104
Vertreter 13, 8; 13, 36; 16, 60; 16, 103
vertrocknen 5, 58
vertuschen 13, 4
verunglimpfen 12, 51; 16, 33; 16, 34; 16, 35; 16, 93
verunglücken 9, 78
verunreinigen 9, 63; 9, 67
verursachen 4, 31
verursacht 3, 34
verurteilen 12, 49; 16, 33; 16, 106; 19, 12; 19, 27; 19, 31
vervollständigen 3, 41
verwachsen 11, 28
verwahren 4, 43
Verwahrung 16, 27; 19, 27
Verwalter 16, 96; 16, 112
Verwaltung 16, 96; 16, 97; 16, 99
verwandeln 4, 24
verwandt 4, 17; 16, 9
Verwarnung 13, 10
verwechseln 4, 28
verwegen 9, 74; 11, 38; 11, 39
verweigern 9, 5; 16, 27; 19, 25
verweilen 8, 2
Verweis 16, 33
verweltlichen 20, 22
verwenden 9, 84
verwesen 9, 67; 16, 96
verwickelt 13, 35
verwirren 12, 13
verwischen 5, 3
verwittern 5, 49
verwöhnen 12, 34
verworren 2, 38
verwunden 7, 42; 16, 34
verwundert 11, 30
Verwunderung 11, 30
verwünschen 11, 32; 11, 59
verwüsten 4, 42
verzagt 11, 13; 11, 32; 11, 42; 11, 43; 11, 47;
verzehren 3, 31; 4, 42
Verzeichnis 3, 18; 12, 12; 14, 9
verzeihen 16, 47; 16, 109
Verzeihung 11, 50; 16, 20; 16, 47
verzeihlich 19, 13
verzerren 2, 60; 15, 2
Verzicht 9, 20; 16, 83
verzichten 9, 5; 9, 32; 9, 85; 11, 37; 13, 29; 16, 83; 16, 105
verzichten auf 9, 9; 9, 20
Verzierung 13, 43
verzögern, sich 1, 36
Verzückung 11, 5
verzweifeln 11, 32; 11, 41; 12, 45
verzweifelt 9, 55; 11, 13; 11, 32; 11, 33; 11, 39
Verzweiflung 11, 41; 11, 42
verzwickt 13, 35
Vestalin 16, 50
Veto 16, 29
Viadukt 8, 11
Vieh 7, 8
viehisch 11, 60; 11, 61
viel 3, 20
viel, zu 3, 22
vielerlei 4, 22
vielfach 4, 22
vielfältig 4, 21
Vielfraß 10, 10; 10, 11
vielleicht 4, 2; 12, 24
vielseitig 9, 52; 12, 32
Vielweiberei 16, 44
Vier 3, 39
Viertel 3, 45
Vietsbohne 7, 2
Villa 17, 1
violett 5, 22
Virtuos 9, 52; 15, 13
Vision 10, 17
vital 4, 35
vivat 11, 22; 16, 31; 16, 87
Vize- 16, 104
Vogel 12, 57
Vögel 7, 9
Vogelbeerbaum 7, 2
vogelfrei 19, 31
Vogelscheuche 11, 28
Vogt 16, 99 19, 28; 19, 29

Volk 16, 18; 16, 91
Völkerkunde 7, 13
völkisch 16, 18
Volksfeind 11, 63
Volksführer 16, 96
Volksgericht 19, 20; 19, 27
Volkstum 16, 18
Volksvertretung 16, 102
voll 3, 10; 3, 21; 3, 23
voll (den Mund voll nehmen) 13, 52
Vollblut 6, 22
vollbringen 9, 35; 16, 26
vollenden 9, 18; 9, 21; 9, 35; 9, 77
vollendet 9, 64
Völlerei 10, 11; 11,11
völlig 3, 41
vollkommen 3, 8; 3, 23; 9, 52; 9, 56; 9, 64
Vollmacht 13, 1; 16, 25; 16, 97; 16, 103
vollschlank 3, 10
vollständig 9, 35
vollziehen 9, 25
von oben bis unten 3, 41
von selbst 9, 2
vor 1, 11; 1, 21; 2, 26
Vorahnung 1, 23
voran 8, 13
voran (immer langsam voran) 9, 24
vorangehen 8, 13
vorausgesetzt 19, 15
voraussehen 12, 42
voraussetzen 12, 15; 12, 22; 12, 24; 12, 29
Voraussetzung 4, 31; 4, 32; 12, 15
vorbedacht 9, 14
Vorbedacht 9, 14; 9, 42
vorbehalten 13, 48
Vorbehalt 4, 32; 9, 26; 11, 40; 13, 48; 19, 15
Vorbehalte (V. machen) 16, 33
vorbei 9, 33; 12, 46
vorbereiten 9, 26; 12, 33; 12, 42
vorbereitet 9, 52
vorbestraft 19, 32
vorbeugen 12, 42
Vorbild 4, 19; 9, 64; 19, 4
vorbildlich 9, 64
Vorbote 12, 43
vordere, der 2, 26
Vorderseite 2, 26
voreilig 11, 39; 11, 58
voreingenommen 12, 37; 12, 55
vorenthalten 16, 29
Vorfahren 1, 19
Vorgang 4, 44
Vorgefühl 12, 41
vorgehen 9, 25; 16, 76
vorgeschichtlich 1, 21
Vorgesetzter 16, 96
vorhaben 9, 14
vorher 1, 11
Vorherbestimmung 4, 45
vorhersehen 12, 42
vorherrschend 4, 19
vorhin 1, 20
Vorhut 8, 13
vorkommen 4, 1; 4, 44
Vorkommnis 4, 44
vorladen 16, 106
Vorläufer 9, 26
vorläufig 1, 15
vorlesen 13, 21
vorlieb (vorlieb nehmen) 11, 16
Vormerkung 12, 39
Vormund 9, 75; 16, 96
vorn 2, 26
Vorname 16, 3
vornehm 11, 17; 16, 61; 16, 81
Vornehmheit 16, 85
vornehmlich 9, 44
Vorort 2, 9
Vorrang 3, 51
Vorrat 3, 18; 18, 24
Vorratsverwalter 3, 29
Vorrecht 16, 97; 19, 25
Vorrichtung 9, 82
vorrücken 8, 16
vorsätzlich 9, 2
Vorschlag 16, 22
vorschlagen 16, 22
vorschnell 1, 38; 11, 6; 11, 39
vorschreiben 16, 106; 16, 108
Vorschrift 4, 19; 16, 106; 19, 19
Vorschuß 18, 26
Vorsicht 9, 75; 13, 10
vorsichtig 9, 42; 9, 52; 11, 40; 12, 7; 13, 10
vorsichtshalber 9, 26; 9, 42
Vorsorge (V. treffen) 9, 26; 12, 42
vorsorgen 3, 29
vorsorglich 12, 42
Vorspiegelung (V. falscher Tatsachen) 16, 72
vorsprechen 8, 20; 16, 64
Vorstand 16, 96
Vorsteher 16, 98; 16, 104
vorstellen 15, 1; 16, 64; 16, 88
vorstellen (etwas v.) 16, 85
vorstellig (v. werden) 16, 20; 16, 33
Vorteil 9, 46; 9, 47; 9, 77; 9, 84
Vorteil (seinen V. wahren) 9, 52; 18, 5; 18, 7
vorteilhaft 9, 46; 9, 47; 9, 56; 9, 77
Vortrag 12, 33; 13, 21
vortragen 13, 21
vortrefflich 9, 56
Vorurteil 9, 8; 12, 55
Vorwand 9, 13; 13, 51; 19, 13
vorwärts 8, 16
Vorwurf 16, 33; 16, 93; 19, 12
Vorzeichen 12, 43
Vorzeit 1, 21
vorzeitig 1, 38
Vorzug 9, 11; 16, 31
vorzüglich 9, 44; 9, 56
Vulkan 4, 36; 5, 36
vulgär 16, 94

W

Waage 5, 41
Wabenkröte 7, 9
wach 11, 4
Wache 9, 75; 16, 101
wachen 7, 37; 9, 75
Wachholder 7, 2
Wachs 5, 5; 5, 52; 5, 53
wachsam 12, 7; 13,10
wachsen 3, 3; 4, 26; 4, 46; 7, 1
Wachstum 4, 39
Wächter 9, 75; 13, 10; 16, 60; 16, 77; 16, 101
wacker 19, 1; 19, 3
wacklig 5, 48
Waffe 17, 11
Waffenstillstand 16,48
Wage 12, 12
wagen 9, 16; 9, 74; 11, 38; 11, 39
Wagen 8, 4
Wagengeschirr 17, 15
wagerecht 2, 12
waghalsig 9, 74; 11, 38
Waghalsigkeit 11, 39
Wagner 16, 60
Wagnis 9, 21; 9, 28; 9, 74; 11, 38; 11, 39
Wahl 9, 2; 9, 11; 16, 102; 16, 103
wählen 9, 11
wählerisch 11, 19; 11, 27
Wahlrecht 9, 11
Wahlspruch 13, 1; 13, 20
Wahn 2, 5; 9, 8; 12, 22; 12, 24; 12, 25; 12, 28

Wahnsinn 12, 57
wahnsinnig 3, 50; 11, 5; 12, 57
wahr 11, 46; 12, 26; 13, 17; 13, 49; 16, 41; 19, 3
während 1, 7; 1, 13
wahrhaftig 12, 26; 12, 47; 13, 49
Wahrheit 4, 6; 12, 26
Wahrheitsliebe 13, 49
wahrnehmen 10, 15; 10, 19; 11, 4; 12, 20; 12, 26
Wahrnehmung 12, 20
Währung 18, 21
Wahrsager 12, 43
wahrscheinlich 1, 23; 4, 2; 4, 3; 11, 35; 12, 22
Waise 16, 9
Wald 7, 1; 7, 5
Wall 2, 23; 2, 24; 9, 76; 16, 77
wallen 5, 55; 5, 59; 8, 34
Wallfahrt 16, 6
Wallung 11, 3; 11, 58
Walze (auf der W. sein) 16, 6
walzen 2, 12; 3, 11
wälzen 8, 32; 11, 22
Walzer 16, 58
Wand 3, 12; 3, 34; 9, 73
Wandel 4, 24
wandeln (sich verw.) 4, 24; 8, 1; 11, 25
wandern 8, 18
wanken 4, 25
wankelmütig 4, 25; 9, 7; 9, 9
Wankelmut 9, 9; 9, 10
Wanst 3, 10
Wappen 13, 1; 14, 9; 17, 10
Ware 18, 24
Warenhaus 18, 25
warm 5, 35; 16, 41
Wärme 5, 35
warnen 9, 17; 12, 43; 13, 9; 13, 10; 13, 11
Warner 12, 42
Warte 10, 15; 13, 10
warten 1, 7; 9, 24; 12, 41
Wärter 16, 60
Wärterin 9, 75
was 12, 8
Wäsche 9, 66; 17, 9
waschen 5, 57; 9, 66
Waschlappen 11, 43
Wasser 5, 54
Wasserfall 5, 55
Wasserstoff 6, 26
waten 5, 57
watscheln 8, 8
Watt 3, 15
Watte 7, 44
weben 17, 8
Weber 16, 60
Wechsel 16, 23; 18, 30
Wechsel (W. einlösen) 18, 26
wechseln 4, 24; 4, 25
wechselseitig 4, 28; 9, 71
wecken 7, 37
weg 2, 4; 8, 18; 8, 24
weg (hinweg) 2, 8
Weg 3, 33
Weg (aus dem W. gehen) 9, 20
Weg (etwas in den W. legen) 9, 55
Weg (Steine in den W. legen) 9, 72
Wege (in die W. leiten) 9, 21; 9, 29
Wege (im W. liegen, stehen) 9, 73
weg sein 3, 26
wegen 4, 31; 9, 14
Wegerich 7, 2
weglassen 3, 49
wegnehmen 18, 15
Wegweiser 8, 11; 13, 1; 13, 9
weh 7, 42
weh (o weh) 11, 33
wehe (wehe tun) 11, 14
wehen 6, 6
Wehklage 11, 33
wehleidig 11, 7
Wehr 5, 56; 9, 76
wehrlos 9, 74
Wehrmacht 16, 74
Weiberregiment 16, 97
weiblich 7, 15
weich 2, 54; 5, 50; 9, 12; 11, 50; 12, 57
Weichbild 2, 9
weigern, sich 9, 5
Weihe 20, 15
weihen 20, 15
Weihnachtsmann 20, 6
Weihrauch 5, 63; 16, 31; 16, 32
Weihrauch (W. streuen) 11, 45
weil 4, 31; 9, 12; 12, 15
Wein 7, 2; 7, 31
weinen 5, 34; 11, 33
Weinhefe 7, 2
weise 12, 52
Weise 4, 8; 5, 10; 5, 12
Weisheit 9, 52
weiß 5, 13
weissagen 12, 43
Wert 9, 44; 9, 56; 18, 21
Weißdorn 7, 2
Weiße Lilie 7, 2
weißer Rabe 1, 29
Weisung 13, 9; 16, 106
weit 2, 1; 2, 8; 3, 8
weit (weit und breit) 2, 7
Weite 3, 1; 12, 54
weiten 3, 8
weiter 1, 34; 9, 30
weitherzig 16, 109
weitschweifig 9, 80
weitsichtig 10, 17
Weizen 7, 2
welken 3, 5; 5, 58; 9, 61
Welle 6, 18; 17, 16
wellen 2, 46
Wellenlinie 8, 32
Welt 6, 1; 7, 13
Weltanschauung 12, 3
Weltbürger 12, 54
Weltende 1, 25
weltfremd 16, 52
Weltkind 20, 22
weltlich 20, 22
Weltmann 16, 62
Weltruf 16, 85
Weltschmerz 11, 13; 11, 32
Weltverächter 11, 63
Weltwunder 4, 20
Wende 4, 24
wenden 8, 12; 8, 17
Wendepunkt 4, 30
Wendung 13, 36
wenig 1, 29
weniger 3, 52
wenn 1, 13; 4, 32
wer 12, 8
wer weiß wie 3, 50
werben 9, 21; 16, 43
werben (werben um) 11, 36
Werben 16, 21
Werdegang 4, 26; 4, 31
werden 1, 23; 3, 3
werfen 8, 9; 8, 34
Werft 8, 5; 9, 23
Wergeld 19, 26
Werk 4, 39; 9, 22; 14, 11
Werkstätte 9, 23
Werkzeug 9, 83
wert 11, 53
werten 12, 12
wertlos 9, 49; 9, 60
Wertlosigkeit 9, 45
wertvoll 9, 44; 9, 56
Werwolf 11, 42
Wesen 6, 20; 11, 2
Wesensart 4, 8; 11, 2
Wesensschau 12, 30
wesentlich 4, 10; 9, 44; 9, 81; 12, 26
Wespennest 11, 14
Westen 6, 12
Wettbewerb 16, 70
wetten, daß 4, 6
Wetter 6, 4
Wetterfahne 9, 7; 9, 9
wetterwendisch 9, 7; 9, 9
Wettkampf 16, 57
wettlaufen 16, 70
Wettrennen 8, 7
Wichse 2, 52; 16, 78
wichtig 9, 44; 16, 95
wichtigtun 11, 45
Wicke 7, 2
wickeln 8, 32
wider 4, 23; 9, 72
Wider- 4, 23
Widerhall 5, 25
widerlegen 13, 47
widerlich 5, 64; 10, 9; 11, 14; 11, 28; 11, 59
widerrechtlich 19, 23
Widerruf 16, 28

widerrufen 9, 9; 13, 29; 16, 82
Widersacher 9, 73
widersinnig 12, 27; 13, 47
widerspenstig 9, 8; 9, 55; 11, 60; 16, 65; 16, 116
widersprechen 4, 23; 9, 72; 12, 48; 13, 26; 16, 65
Widerspruch 4, 23; 9, 5; 12, 28; 12,48; 13, 29; 16, 33; 16, 65
Widerspruchsgeist 11, 58
Widerstand 9, 72; 16, 77; 16, 116
widerstehen 16, 77
widerstrebend 9, 5
widerwärtig 11, 14; 11, 62
Widerwärtigkeit 11, 13
Widerwille 11, 26; 11, 59
widmen 18, 12
wie 3, 50; 4, 8
wieder (immer w.) 9, 30
Wiederaufbau 9, 58
Wiedergabe 4, 18
Wiedergeburt 4, 40; 9, 58
wiederherstellen 4, 30; 9, 58
wieder (wiederholen) 1, 28
wiederholen 4, 18; 9, 30; 9, 62; 12, 39
Wiederholung 1, 33; 13, 37
wiederkommen 9, 62
wiegen 8, 33; 12, 12
wiehern 5, 33
Wiese 7, 5
wild 11, 36; 11, 39; 11, 60; 16, 44; 16, 116
Wildfang 11, 6; 11, 20
Wildnis 9, 49
Wille 9, 2
willenlos 9, 7
willentlich 9, 2
willig 9, 4; 9, 54; 11, 16; 16, 24; 16, 114
willfahren 11, 16; 16, 24
willfährig 11, 48
willkommen 16, 38; 16, 41
Willkür 2, 38; 16, 108; 16, 116
willkürlich 1, 32; 4, 20; 9, 2; 9, 11; 12, 24; 19, 20
wimmeln 3, 20; 3, 21
Wind 6, 6; 9, 45; 13, 10; 16, 89
Wind (Wind bekommen) 12, 43
Wind (den Mantel nach dem W. hängen) 9, 9
Windhafer 7, 2
Windhund 9, 9
windig 6, 6; 19, 8
Windmesser 6, 6
Windstille 6, 5
Windung 2, 46
Wink 13, 2; 13, 9; 13, 10; 16, 106
Winkel 2, 43
Winkeladvokat 19, 28
Winkelhuberei 12, 55
winken 13, 1
winseln 11, 33
Winter 5, 40
Winterlevkoje 7, 2
Winzer 16, 60
winzig 3, 4
Winzigkeit 3, 4
wippen 8, 33
Wir 16, 3
Wirbel 8, 32
wirken 4, 35; 4, 39; 9, 18; 9, 21; 9, 22; 9, 38; 16, 95
wirken (zusammenwirken) 9, 68
wirklich 4, 1; 4, 6; 4, 44; 12, 26
Wirklichkeit 4, 1; 12, 26
Wirkung 4, 34; 9, 18; 12, 4
wirkungslos 4, 37
wirkungsvoll 4, 35
Wirrkopf 12, 19
Wirrwarr 2, 38; 9, 55
wirtschaften 18, 10
wirtschaftlich 18, 1
Wirtshaus 16, 64
wispern 5, 27
wissen 12, 32
Wissen 12, 32
wittern 10, 6
Witwe 16, 9
Witz 9, 45; 11, 23; 12, 2; 12, 18; 12, 52; 13, 34
Witzbold 11, 23
witzig 11, 23; 11, 24
wo 2, 7
Wochenende 9, 33
Wochentage 1, 9
wogen 4, 36
wohl (sich wohl fühlen) 11, 9
wohlauf 7, 38
wohlerzogen 16, 38
Wohlerzogenheit 16, 50
Wohlfahrt 4, 46
Wohlgefallen 11, 36
Wohlgefühl 11, 16
Wohlgeruch 5, 63
Wohlgeschmack 10, 8
wohlhabend 3, 23; 18, 3
Wohlklang 11, 17; 15, 16
Wohllaut 15, 16
Wohlleben 11, 10; 11, 11; 11, 14
Wohlstand 3, 23
Wohltätigkeit 11, 52
wohltuend 9, 56
wohlweislich 11, 40
wohlwollend 11, 52
wohnen 16, 1
Wohnung 2, 3
wölben, sich 2, 48
Wolke 5, 6; 5, 10; 5, 59; 5, 60; 6, 4
Wolkenbruch 6, 8
Wolle 17, 8
wollen 9, 2
Wollgras 7, 2
Wollust 11, 5; 11, 9; 11, 11; 11, 36
Wonne 11, 5; 11, 9; 11, 10; 11, 21
wonnevoll 4, 46
wonnig 11, 10
Wort 13, 16; 13, 28; 13, 50
Wort (sein W. geben) 16, 23
wortbrüchig 16, 28; 19, 25
Worte 16, 89
Wörterbuch 12, 32; 12, 33
wortkarg 13, 23
Wortklauber 12, 14; 12, 55
Wortklauberei 12, 11
Wortkrämerei 13, 43
wörtlich 13, 17
Wortschatz 13, 16
Wortschwall 13, 18; 13, 43; 16, 89
Wortwechsel 16, 67; 16, 70
Wucher 18, 17
Wucherer 18, 30
wuchern 7, 6; 18, 7; 18, 16; 19, 8
Wucht 4, 35; 13, 41
wuchten 3, 2
wuchtig 5, 41; 13, 39; 13, 41
wühlen 16, 116
Wulst 3, 3
Wunde 7, 42; 16, 76
Wunden (W. aufreißen) 11, 14
Wunder 11, 30; 20, 12
wunderbar 11, 10; 11, 17; 11, 30
Wunderkind 12, 52
wunderlich 12, 28; 12, 29
wundern 11, 30
Wunsch 9, 14; 11, 36
wünschen 9, 2; 9, 14; 11, 36
wünschenswert 11, 10
wunschlos 11, 37
Würde 11, 44; 16, 85; 16, 95; 19, 3
würdevoll 11, 44
würdig 16, 85
würdigen 12, 49
Würdigung 16, 30
würfeln 9, 16
Würmer 7, 9
wurscht 11, 37
Wurst (Wurst wider Wurst) 16, 80

Würze 13, 41
Wurzel 4, 31; 7, 3
wurzeln 2, 16
würzen 5, 63; 7, 28
würzig 10, 8
wüst 9, 27; 11, 11; 11, 14; 11, 28; 16, 44
Wüste 6, 13; 7, 7; 9, 49; 16, 52
Wüstling 11, 11; 16, 44; 18, 14
Wut 4, 36; 11, 31; 11, 36
wüten 4, 36; 11, 5; 11, 31
wütend 4, 36; 11, 62

X

X (ein X für ein U vormachen) 16, 72
xmal 1, 28; 1, 31
Xantippe 11, 58; 11, 59; 16, 33; 16, 67

Z

zagen 11, 42
zaghaft 11, 42; 11, 43
zäh 1, 7; 9, 8
zähe 5, 46; 5, 51; 9, 55
Zahl 3, 35
Zahl (Zahlerei) 3, 17
zählen 3, 35
zahlen 16, 113; 18, 18; 18, 26
zahllos 3, 20; 3, 40
Zahlmeister 16, 74
Zahlung 18, 26
Zahlungen (die Z. einstellen) 18, 19
zahlungsunfähig 18, 19
zahm 9, 41; 13, 42
zähmen 7, 10
Zahn 7, 25
Zahnarzt 7, 44
Zähne (die Zähne weisen) 16, 69
Zähne (die Zähne zeigen) 16, 65; 16, 67; 16, 68
Zähneklappern 10, 5
zähneknirschend 16, 68
Zange 17, 15
Zank 16, 67; 16, 70
Zankapfel 16, 67
Zanken 16, 33; 16, 70
zänkisch 11, 58; 16, 53; 16, 67
zanksüchtig 11, 60; 16, 33
zart 2, 54; 3, 11; 4, 37; 5, 48; 5, 50; 11, 50; 13, 13; 16, 109
zärtlich 11, 36; 11, 53
Zärtlichkeit 16, 43
Zauber 11, 10; 11, 53; 16, 95; 20, 12
Zauber (fauler Z.) 9, 13
Zauberei 4, 27; 16, 72; 20, 12
zaubern 9, 39; 20, 12
Zaudern 8, 8; 9, 5; 9, 7; 9, 9; 9, 24
zäumen 9, 26
Zaun 2, 23; 2, 24; 9, 76; 16, 117
zechen 7, 31
Zecherei 16, 55
Zeder 7, 2
Zehntausend (die oberen Z.) 16, 62; 16, 91
Zeichen 13, 1
Zeichen (böses Z.) 11, 41
Zeichensetzung 14, 5
zeichnen 15, 1; 15, 4
Zeichner 16, 60
zeigen 5, 1; 12, 20; 13, 1; 13, 3; 13, 17
Zeit 1, 15
Zeit (Zeit haben) 9, 36
Zeiten (goldene Z.) 4, 46
Zeit (zu nachtschlafender Zeit) 1, 38
Zeit (Zeit vertreiben) 16, 55
Zeitgenosse 1, 13
zeitlebens 1, 7
Zeitschrift 14, 11
Zeitung 13, 2; 13, 6; 14, 9; 14, 11
Zeitverschwendung 9, 24
zeitweilig 1, 28
zeitweise 1, 29; 1, 32
Zelle 16, 117
Zenit 3, 12
zentral 2, 28
Zentrum 2, 28
Zepter 16, 100
Zepter (Z. führen) 16, 97
zer- (zerteilen) 3, 34
zerbrechlich 5, 47
Zeremonie 16, 88; 20, 16
Zerfall 4, 42
zerfallen 9, 61
zergehen 5, 54
zermürben 3, 34
Zerrbild 2, 60; 13, 45
zerrinnen 5, 54
zerrütten 9, 63
Zerrüttung 9, 61
zerstören 4, 37; 4, 42; 9, 63; 19, 9
Zerstörer 8, 5
zerstreuen 12, 13
zerstreut 9, 43; 12, 13; 12, 40
Zerstreuung 8, 22; 12, 13
zerteilen (sich zert.) 3, 34
Zeug 3, 18; 9, 45
Zeug (ungereimtes Zeug) 11, 24
Zeuge 2, 3; 10, 15; 13, 46; 19, 28
zeugen 4, 39
Zeugenschaft 19, 27
Zeugnis 13, 1; 13, 28; 13, 46; 14, 9
Zeugnis (falsches Z.) 16, 35; 19, 8
Zicken machen 9, 10
zickzack 2, 43
ziehen 8, 14; 9, 40; 12, 33
ziehen (hin ziehen) 1, 7
ziehen (den Kürzeren ziehen) 3, 52
Ziegel 5, 39
Ziel 8, 11; 9, 14; 13, 17; 16, 56
zielbewußt 9, 6; 9, 8
zielen 8, 11; 9, 1
ziemlich 9, 59
Zier 15, 7
zieren (sich zieren) 16, 51
zierlich 11, 10
Zierpuppe 16, 63
Ziffer 3, 35
-zig 3, 20
Zigarre (Zigarre geben) 16, 33
Zigarette 7, 34
Zigeuner 16, 72; 16, 94
Zimmer 17, 2
Zimmermann 16, 60
zimperlich 16, 50; 16, 51
Zinne 2, 33; 2, 48; 3, 12
Zins 18, 16; 18, 17
Zirkel 2, 47; 12, 12
Zirkus 14, 3; 16, 75
zischen 5, 32; 5, 33; 5, 59; 16, 34
Zisterne 3, 14; 3, 18
Zitrone 5, 67
zittern 8, 34; 11, 42
Zivilisation 16, 121
zögern 8, 2; 8, 8; 9, 24; 11, 42
zögernd 9, 24
Zölibat 16, 12
Zoll 18, 26
Zone 2, 24; 3, 13; 6, 13
Zorn 4, 36; 11, 31
zornig 4, 36; 11, 31
Zote 9, 67; 11, 23; 13, 34; 16, 44
zotig 9, 67
zu- 3, 28
zu sein 2, 58

Zuber 17, 6
Zucht 12, 33; 19, 1
züchten 7, 10; 9, 26; 12, 33
Zuchthaus 19, 33
züchtig 11, 49; 16, 50
Zuchtlosigkeit 16, 44
Zuchtwahl 9, 11
Zucker 5, 66; 7, 28
zudecken 2, 20
zudringlich 16, 20; 16, 90
Zufall 4, 45; 9, 16
zufällig 4, 45; 9, 16
Zuflucht 9, 76
zufrieden 4, 46; 11, 16; 11, 47
Zug 4, 9; 13, 1; 16,74
Zugabe 3, 28
zugänglich 9, 12; 9, 54
zugeben 12, 47
zugegen sein 2, 3
zugehören 3, 48
zugeknöpft 16, 52
Zügel 16, 97; 16, 100
zügellos 11, 11; 11, 29; 16, 44
zügeln 4, 38; 9, 73
zugesellen, sich 3, 33
Zugeständnis 16, 24
zugestehen 13, 28
zugetan 11, 53; 16, 41
zugleich 1, 13
Zugluft 6, 6
zugreifen 1, 37
zugrundegehen 4, 42; 4, 47; 9, 78
zugrundelegen 12, 29
zugrunde liegen 4, 31
zugunsten 9, 70
Zuhälter 16, 45; 16, 60
zuhören 12, 7
zukommen 19, 22; 19, 24
Zukunft 1, 23
Zukunftsmusik 4, 3
zulassen 4, 2; 13, 46
zulässig 16, 25
zuletzt 1, 36
zumachen 2, 58
zumal 4, 31
zunächst 1, 2; 1, 15
Zunahme 3, 3
Zündstoff 5, 38
zunehmen 3, 3; 3, 10
Zuneigung 11, 36; 11, 53
Zunft 9, 68
Zunge (sich die Z. verbrennen) 13, 49
zürnen 11, 31; 16, 67
zurück 8, 17
zurückbleiben 3, 52
zurückgezogen 16, 52
zurückhaltend 11, 47; 13, 4; 13, 23
Zurückhaltung 11, 40; 11, 47; 13, 4
zurücklegen 18, 10
zurückweisen 9, 5; 16, 27
zurückziehen, sich 9, 20; 16, 52
Zusage 16, 24
zusagen 9, 48
zusammen 1, 13; 3, 37; 6, 21; 8, 21; 9, 68
zusammenarbeiten 16, 17; 16, 48
zusammenbrechen 16, 83
Zusammenbruch 7, 39; 9, 78; 18, 19
zusammengewürfelt 4, 22
Zusammenhang 4, 13
Zusammenschluß 3, 33
zusammenstoßen 8, 9
Zusammensturz 9, 61
Zuschuß 9, 70; 18, 12
zusetzen 9, 12
zusichern 11, 35
Zustand 11, 2
zuständig 16, 1
zustimmen 12, 47; 16, 31
Zustimmung 9, 69; 13, 28
zuteilen 3, 42; 18, 2
Zuträger 16, 32
zutreffen 12, 26
Zutritt 8, 23
zuverlässig 12, 22; 12, 26; 13, 3; 16, 23
Zuverlässigkeit 19, 1
Zuversicht 11, 35; 11, 44; 20, 1
zuversichtlich 12, 22
zuvorkommen 9, 26; 9, 73
zuvorkommend 16, 22; 16, 114
zuweilen 1, 30
zuwiderhandeln 16, 28
Zuwiderhandlung 19, 11
zuwiderlaufen 4, 23
Zwang 9, 73; 16, 29; 16, 107; 16 108
zwanglos 16, 64; 16, 119
Zwangsjacke 16, 117
Zwangslage 9, 55
Zwangsmaßregel 16, 117
Zwangsmittel 16, 107
zwangsweise 9, 03; 16, 107
Zweck 9, 14; 9, 46; 13, 17
zwecklos 9, 85
zweckmäßig 9, 48; 9, 84
zwecks 9, 14
zwei- 3, 37
zweideutig 12, 19; 13, 34; 13, 35; 13, 51; 16, 44
Zweifel 9, 5; 12, 23
zweifelhaft 4, 7; 12, 8; 12, 23
zweifeln 4, 7; 12, 23; 20, 3
zweifellos 4, 6
zweifelsohne 4, 6
Zweifler 9, 7; 12, 23
Zweig 9, 22
Zweikampf 16, 70
zweimal 3, 37
zweitens 3, 33; 3, 37
Zwerg 3, 4
Zwetschge 7, 2
Zwiebel 7, 2
zwiebeln 11, 60; 16, 78; 16, 79
Zwiegespräch 13, 30
Zwielicht 5, 6
Zwiespalt 3, 34; 4, 21; 4, 23; 12, 48
zwiespältig 9, 7; 12, 48
Zwietracht 16, 66; 16, 67
zwingen 9, 3; 16, 107; 16, 108; 16, 113
zwischen 2, 10; 2, 19; 2, 25; 8, 26
Zwischenraum 2, 10
Zwist 11, 62; 16, 67
zwitschern 5, 33
Zwitter 6, 21
Zylinder 2, 50
zynisch 11, 8; 11, 61

FSC
www.fsc.org
MIX
Papier | Fördert gute Waldnutzung
FSC® C083411

Kolibri 360 GmbH
Ferdinand-Jühlke-Straße 7
99095 Erfurt, Deutschland
produktsicherheit@kolibri360.de